海女をたずねて

川口祐二

ドメス出版

英虞湾
御座
R260
御座岬
R260
越賀
和具
熊野灘
和具小島
和具大島

海女をたずねて——漁村異聞　その４＊もくじ

第一章　海女をたずねて志摩から鳥羽へ

第二章　波路遥かなり――伊豆諸島新島へ、式根島へ

第三章 伊勢志摩ふるさと散歩

カバー写真　山本　信二
装　幀　市川美野里

第一章　海女をたずねて志摩から鳥羽へ

ぼた餅を供える鳥羽市石鏡町の海女
——春の行事「折り合わせ」での一景

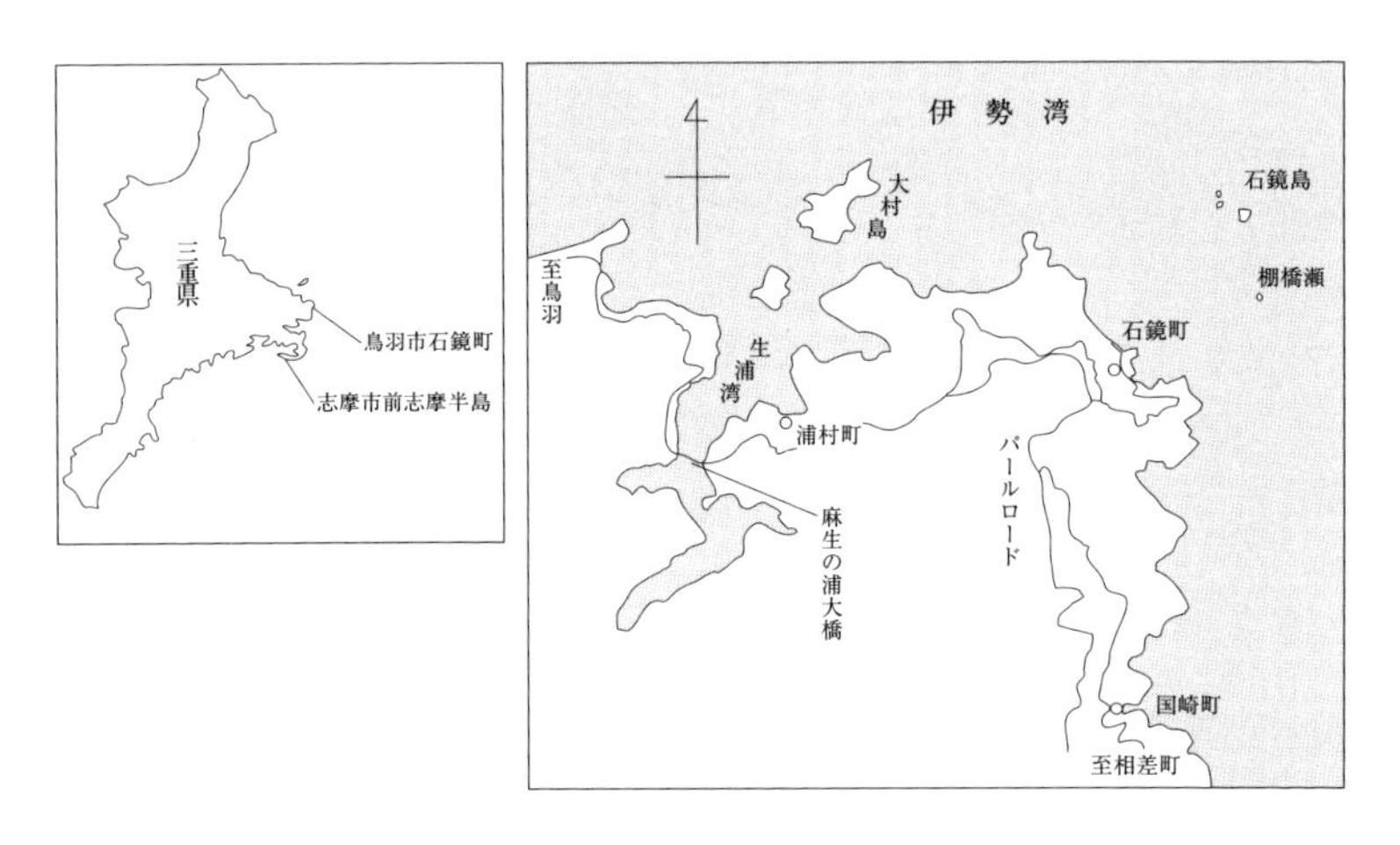
三重県
鳥羽市石鏡町
志摩市前志摩半島
伊勢湾
大村島
石鏡島
棚橋瀬
至鳥羽
生浦湾
石鏡町
浦村町
パールロード
麻生の浦大橋
国崎町
至相差町

志摩市前志摩半島略図

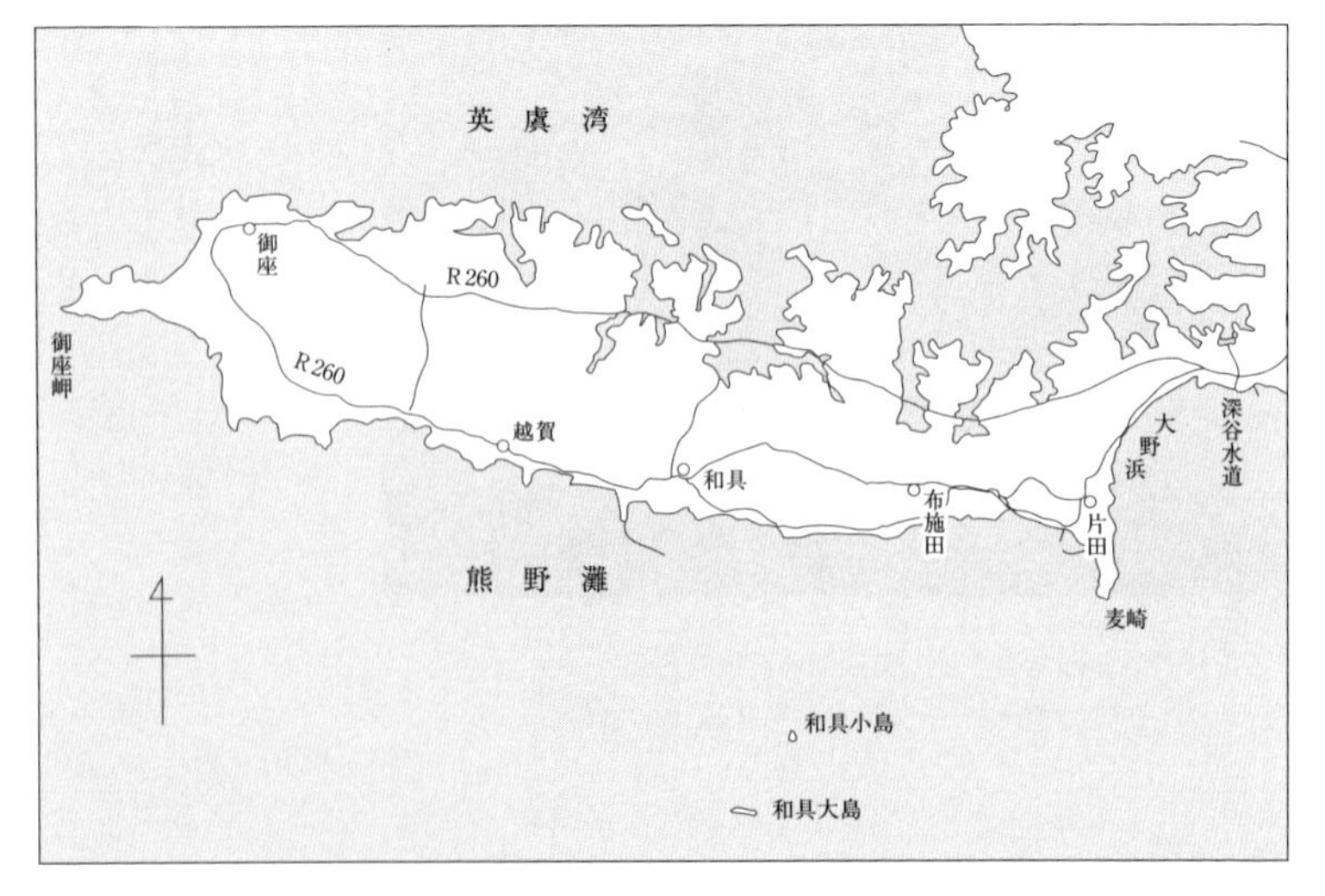
英虞湾
御座
R 260
御座岬
R 260
越賀
和具
布施田
片田
大野浜
深谷水道
熊野灘
麦崎
和具小島
和具大島

1　片田の磯で一本引き

志摩市志摩町片田
二〇一六・七・一〇
竹中（たけなか）あつさん

日本全国で海女は何人いるか。あくまでも推計であるが、概略二〇〇〇人、そのうちの約三分の一が三重県、それも特に志摩地方の各漁村で活躍している。アワビ・サザエをとり、ほか、季節によっては、ウニ、ナマコも狙う。また、ワカメ、ヒジキなどの海藻も刈る。岩の間にひそむイセエビを魚杈（ひし）などで脅し、飛び出してきたのを手で摑む海女もいるが、これは特殊な場合で、ごく少人数だ。

三重県における海女漁には三通りの方法がある。①は一人で。②は二人で、これは男女一組。③が何人かの海女が一艘の船に乗り合わせて漁をする、この三通りである。それぞれの方法に呼び名があるが、各漁村によって呼称が変わる。すぐ隣でも呼び方が違うのである。*1 以前は②の二人で漁をする方法が多かったが、最近は③の何人かがいっしょに漁場に出て潜（かず）くのが主流となっている。②の二人一組、つまり夫婦船（めおとぶね）の場合は、夫が船の上で命綱を摑み、海女の仕事を見守る。滑車を使って省力したやり方をハイカラと呼ぶ。機械を使ってしゃれているという気持ちを、この言葉に込めたのだろうか。機械を使わないのが一本引きという潜き方である。③を乗せ乗せと呼ぶ所もあり、これなど乗り合って出漁する状態を言い表し、直截簡明だ。底蹴りというのは、海女が潜っていくとき、船底を足で蹴って、その反動を利用して、少しでも時間を稼ぐのを言う。その形容はまさに言い得て妙だ。

二〇一六年七月一〇日、片田の海女を訪ねた。前志摩半島、つまり旧志摩町の入り口が片田。バスは二、三人の客を乗せただけで、深谷水道を渡る。太平洋と英虞湾をゆききする運河で、一九三二（昭和七）年一〇月に開通した。漁船の通行もでき、また太平洋の海水が英虞湾に流入し、湾内の真珠養殖に大いに益している。左手は大野浜、その先は太平洋である。右手は志摩地方に多いダンチクの繁みが続く。波が高い。海女漁は休みなのか、ちょうど午前中の、朝潜きの時なのだが、大野浜の海女小屋に二人の人影を見た。

訪ねる海女さんの家はもう少し先だ。片田の停留所のもう一つ先で降りるとよい、と教えられていたが、目じるしがないので、知人の脇田篤さんに案内を頼んだ。犬が吠える家だから、ここだろうと訪ねる家が違っていないのを確認して、私を庭に置いて去って行った。海女さんは玄関にいた。犬がしきりに吠えた。

「昭和六年六月生まれ、もう八五になりました。竹中あつと言います。女のきょうだい六人ありました。親は私に「子」をつけなかったんですわ。母親は平賀しょうと言い、海女でした。片田へ入るとすぐに片田稲荷（いなり）がありますやろ、あの下あたりに私の生まれた平賀の家があります。母は、海女も精一杯やったけど、ほかに百姓をしてな。畑やって田もやって、子どもが多かったで、そら苦労したんですわ。私は八人きょうだいで、女六人のほか男が二人ありました。六人の女の中で海女になったのは、私ひとりです。

子どもの時分は何にもない時代で、小学校の運動場耕してサツマイモ植えてな。あのイモ誰が食べたんやろか。私は昭和二一年三月に高等科を卒業しました。そしてすぐ海女になりました。すぐには一人前にはなれんで、二、三年は稽古海女と言われる、一人前やない時期をすまして、一人立ちの海女になるんです。稽古海女の年も入れて五年ぐらい仕事をしたんですが、当時は英虞湾は真珠養殖が平和産業や言われて、どんどん増え、私の家でも人手が足らん、海女やめて、真珠養殖の手伝いせえ、ということで仕事を変えました。真珠養殖の珠入れ作業、これは若い娘がいちばんやと言われ、引っ張りだこの時代やった。家業の手助けを一〇年しました。その間に結婚して、大野の平賀の家か

＊1　前志摩地区五漁村での呼称は次の通りである。

片田　①徒人　②ハイカラ、一本引き　③船人、底蹴り
布施田　①桶人　②シッコロ　③サッパ、徒人
和具　①浜子　②船人　③徒人
越賀　①徒人　②船人　③サッパ
御座　①徒人　②船人　③サッパ

2014年まで海女漁をした竹中あつさん

ら、片田ではいちばん西の方の竹中の家へ嫁に入ったんです。この家へ来て、また海女をすることにしました。一〇年やらん年月があったけど、その前に五年ぐらい経験していましたで、すぐやれたですわ。それからずっと海女ひとすじ、八三歳まで海女で働きました。親元の海女小屋が片田稲荷の近くの堤防の所にありますから、この家から単車に乗って行って、大野浜から漁に出ていました。バイク通勤のようなもんや。

学校卒業して海女の稽古始めた時分には、まだ海女小屋も無うて、大野浜に自分らで火場作って薪焚いてぬくとまってな（体を温めて）。小屋無かった。島の陰で薪焚いて体温めたんやわな。潜く時間も、今のようにきちんと決まってはおらなんだでな。時間が決められたんは、ウエットスーツを着るようになってからです。しばらくして、船で行くようになって小屋が出来たんです。建てて貰いました。みなで金出し合うてな。
片田では歩いて磯へ行くのが徒人、これは書いて字の通りやな。隣の布施田は桶人と言うらしいけどな。五、六人が一ぱい（一艘）の船に乗り合わせて沖に出るのが船人やな。ふなどと言う所もあるけど、私らはふねどと言うてます。船動かす船頭さんを、とまいと言うけど、これはどこでも同じ言い方らしい。私ら初めのときは三梃櫓で船出してな。交替で櫓を漕いで漁に出たんです。海女もみんな水夫やったわけやな。女もみんな櫓漕ぎました。夫婦で行くのは夫婦船、ふんどう、重しやな、これを持って潜っていって、仕事すましてからは自分で上がって来たけど、あとからは滑車がついて、船頭が綱引くのが楽になって、ハイカラと言われるようになってな。ほかに一本引きというやり方もある。往きも帰りも、命綱一本で漁をすると言うやり方やな。私はこれでやりました。

今、片田はハイカラは七はいぐらいあるけど、一本引きは一組だけになってしもたですわ。一人で行く徒人や乗り合わせて行く海女も全部入れて、片田の海女は五〇人ぐらいやろか。だんだん減っていきます。若い人が海女にならんしな。アワビが減ってしもたで稼ぎにならんで、海女になろか、という人もおらんし、なったらどうや、と勧める人もいない。私らが潜いた昭和四〇年代が戦後ではいちばんええ時代やったんですやろ。魚なんかとれれば値が下がるのが普通やけど、アワビだけは値が安うなるという時はなかったでな。

とにかくアワビがおったですわ。学校卒業してすぐ、戦後すぐの時やで今とは比較にはならんけど、アワビはどこにでもひっついとった、という感じやったもん。磯めがねを顔に掛ける前に、私らはヨモギの葉でガラスを磨いて、曇りや汚れを取ります。それをやりながら、足元の浅い磯を覗いたら、あっちにもこっちにもアワビがおったでな。

それが、今はサザエと磯もん、磯もんというのは、貝の先がとんがった丸い貝（バテイラ、ギンタカハマなど、主として円錐の形をした巻き貝のこと）、その大っきいのをとるだけで、たまにアワビがとれるだけやな。

大野浜の方の磯には石がようけ（たくさん）積んであって、サザエはおるんやけど、石を起こすと、サザエはさっと落ちてしもて、石の間に入ってしまう。そやで拾われせん（拾うことができない）しな。拾われんで絶えん（なくならない）のやろけどな。何もかも減ってしまったな。ウニでも大野の海のものは、身が入っとらんのです。あの黄色いのが少ない。

海女になって、昭和三〇年代、四〇年代のころの記憶では、三日で一〇〇キロ余ってのアワビをとったことが何度かあったでね。波があったりすると磯止めやで、一週間で三日続くとええ方や。きょうも波があって漁は休み、その代わり、年に一回の浜掃除や、と言うとったですわ。

片田も海女組合があって、アワビの稚貝（ちがい）を放流しています。稚貝を袋に入れて潜って行って、そのまま置いて来るんやなしに、袋から稚貝を出して、石と石との間に置いて来るんです。最近は稚貝が冬に手に入りますで、ナマコ漁をする海女さんに頼んでやって貰うんですが、海女だけでは足らんときは男の人にも頼んでな。男の海士（あま）が増えて来たな。ウエットスーツを着るようになってから、急に増えて来たようです。男の人は力があるで、大っきな石起こしてな。起こしても元へ戻さんので、磯

竹中あつさんが使っていた磯のみとアワビやサザエを入れるすかり（網袋）、
中央の丸い筒はサザエの蓋の大きさを計るもの

が荒れるというか、元の磯の状態にならんのやな。

冬はナマコとりをしました。一一月は英虞湾の浦浜の方でとって、一二月になってから外海の方では赤ナマコをとったですわ。今は青はもちろん、黒ナマコまでとる時代やでね。外の磯の赤ナマコは一つで一キロ余るような大っきいのもとれます。大っきいのがうまいとは限らんけどな。

海女の仕事は命がけやで、やっぱり誰でも信心深いです。青峰山へも参って行きますが、個人で行くだけで、揃ろて行くことはせんな。休業の日も何日かあるし、その中で、毎年決まっとるのが、磯部のおみたで[*2]、六月二四日ですけど、海女全員が揃って行って、祈禱をしてもらうというようなこともせんな。青峰参りでもそうや。旧暦の六月一三日に浜清めという行事は今も続いとるけど、これは死んだ海女さんの供養やな。禰宜さんにお祓いをして貰います」

供養といっても仏ではなく神である。あくまでも伝説なのだが、次のような話が言い伝えられている。

龍宮井戸という言い伝えである。麦崎（むぎざき）の南の方の海中に深く澄んだ場所があり、そこを龍宮井戸と呼んだ。海女はそのあたりの海では潜きをしないことになっていた。昔、片田が僅か四〇軒ほどの小さな村であったころ、九人の海女が龍宮井戸あたりで仕事をしていたところ、いつになっても帰らなかった。村中総出で海女の行方を探したが、九つの桶だけが波間にただよっているだけで、海女の姿はなかった。村人たちは九人の海女が龍宮へつれて行かれた、と信じ、それ以来、六月一三日を九人の海女の命日として、浜人日待ちと称して海女の仕事を休むしきたりになっている。この日には小さな桶を九個作り、これに白米三升三勺で作った白餅二個ずつを入れ、麦崎の真下の龍宮墓地に供え、海の神をお祀（まつ）りし、九人の海女の冥福を祈っている。*3

「餅を供える行事は、正月の一一日にもあります。帳とじというて、餅を切って浜へ持って行って供えます。輪切りにした大根を皿に見立てて、その上にひと重ねの餅を置いて持って行きますが、供えるのは八大龍王と大里（おおさと）の浜、それに浅間山（せんげんさん）の三カ所、それぞれ三つを供えますで、九つ作るわけです。この行事はすたれてしもて、このごろは参る人もだんだん少のうなってきました。私は毎年欠かさずやりますけどな」

帳とじとは、帳祭りのことで、正月一一日に商家で帳面を綴じあらためて祝うこと、と辞書（『広辞苑』）には説明されている。商家だけではない。漁家でも一年の稼ぎの帳面を綴じ祝ったのである。

竹中あつさんは訥訥とした話しぶりであった。静かな口ごもるような口調であった。

海女漁のときの磯着はないか、と尋ねたら、

「もうこっぺり捨ててしもたがな」

と笑う。「こっぺり」というのは、「すっかり」という意味。志摩の代表的な方言の一つだ。それでも、のみやすかりは残してあると言う。それらを見せて貰う。

庭に出て、すかり——海女の獲物を入れる網袋をこのように言うのだが——幾つかを取り出して、一つを腰に結んで見せてくれた。案外に小さいな、とあつさんの顔を見て言えば、サザエなら、ひと潜きでこれにいっぱいになった、と話す。早くも一一時である。陽射しが強かった。家人が気を遣ってか、犬はどこかへ連れて行かれて、真昼の庭はどこまでも静かであった。

＊2　伊勢神宮内宮の別宮の一つ伊雑宮の御田植祭りのこと。大勢の見物客で賑わう。

＊3　龍宮井戸の言い伝えについては、麦埼灯台近くに説明書きがある。本文はそれを参考にしてまとめた。

2　二人仲良く布施田の海で

志摩市志摩町布施田
二〇一五・二・二七
田畑キサさん
浅野芙美代さん

西の浜の海女小屋で

二月末、前志摩の春先の風は冷たい。布施田西口でバスを降り、海岸をめざして歩く。海女小屋は西の浜と言われる布施田ではいちばん西のはずれの場所に建っている。話を聞く人は、田畑キサさんと浅野芙美代さんである。年齢は七八歳と七九歳、幼馴染みであると言った。

海女小屋はきれいに片づけられている。以前は四人の海女が使っていたが、年を追うにつれ体の衰えから、二人は海女を止め、現在は田畑さんと浅野さんだけとなっている。四畳半ぐらいの座敷の中央にいろりが切ってあり、そこで薪を焚いて暖をとる。部屋の四隅に各自の着換えなどを収納したケースが置いてある。部屋へ上がる手前は、玉石を敷きつめた庭であり、そこは海女漁のときに使う

布施田の浜で談笑する田畑キサさん（左）と浅野芙美代さん

道具すべてと薪などが置かれ、物置を兼ねている。海女小屋は西の浜と言われる海岸からすぐの場所に建っていて、二人はそこから潜水の服装で浜へ出て、作業に入る。個人が単身で漁に出る海女を、布施田では桶人（おけど）[*1]と言う。かつては磯桶を浮かべてのやり方だったからだろう。桶人は、沖へは行かず、海岸から一〇〇メートルほどの場所で潜っている。深さは三尋（ひろ）から四尋、約五メートルないし六メートルである。

海女小屋をかまどと呼ぶ。

二人はいろりを挟んで交互に語った。

「二人とももうすぐ八〇歳ですわ」（田畑）

「私の方が一つ年上で、昭和一一（一九三六）年生まれ。二人とも学校出てすぐに海女になっ

＊1　思い思いに各自漁場まで行き、潜く海女のこと。

たんではないんです。私ら二人とも若いころは、真珠養殖業に従事して、珠入れ作業の仕事をしていました。アコヤガイに真珠になる核を挿入する仕事です。昭和四一（一九六六）年のとき真珠ショックと言われる不況に襲われて、どの業者も経営が立ち行かなくなりました。このままでは先行き暗いし、それなら海女で稼ごうと転業しました。

それまでには、私は磯部の観光ホテルの従業員として、客の接待係をしていたこともありました。キサさんも私も布施田で生まれ、地元の人と結婚しました」（浅野）

「そやで私ら二人とも、途中から海女の仕事をするようになったんですわ。このかまどから歩いて浜へ行って、思い思いに泳いで漁をします。もう年やで自分の体力に応じて潜くだけです。

今、布施田では海女は三六人となっていますが、三三人ぐらいが仕事をしているのやろか。はかに海士が九人います。海女の最年長は八三歳、若い人で三五、六歳の人がいますが、もうみんな六〇代後半から七〇代の人がほとんどです。四〇歳ぐらいまでの人が二、三人おるやろか。

この前の浜は西の浜と言います。そやでここで潜くのは、西泳ぎと言われますし、すぐそこから西の方は和具の漁場です。布施田は和具と片田に挟まれて漁場は狭いです。アワビをとろうと思えば、沖の小島まで行かんといかんしな。その先の大きな島が和具大島です。しかし、あそこは和具の漁場やしな。小島で潜こうとすれば船に乗って行かんとね。まあ、どこの磯も貝が減ったですわ」（田畑）

「去年（二〇一四）の漁で大漁やった日は、金額にして約一万円ぐらいかな。二万円にもなったら大変ですわ。一日びっしり潜いても二〇〇〇円、三〇〇〇円の日もありますしな。大体平均して、七、八〇〇〇円ぐらいですやろ。日によってはサザエが三つというときもあるし、日によってまちまち、二〇キロもとれれば御(おん)の字です。

サザエでも船人(ふなど)で夫婦二人が小島の沖で漁する人らは、六〇キロぐらいとる日もありますけど、それも二人してのことですでな。私らはすぐそこの浅い場所で、バチャバチャとやる海女漁ですから、とる物も知れた量ですわ。

サザエもとってよい大きさは決められています。布施田では貝の蓋(ふた)の大きさが五〇〇円硬貨以上で合格、と目安が決まっています。殻の大きさを計る寸棒を持っていますから、大小きわどいサイズのときは、再放流します。地区によっては目方で六〇グラム以上と決められている市場もあるようです。

トコブシもおらんようになったし、ウニは布施田の磯はもともと少ない漁場で、出荷するだけとれんです。ナマコは表の西の浜の方でアカナマコをとり、アオナマコは英虞湾の浦の方でとります。ウエットスーツを着ます。浦の方は漁場は割合深くて、七、八メートルはありますやろ。このごろはクロナマコもとるようになりました。

春磯は二月二三日からです。夏ずっと潜いて九月一四日に終わります。ワカメは二月一二日から始まっていますが、今年は少ないです。三月の彼岸ぐらいまでが最盛期でいいのがとれます。四月にもとれますけど、春もそこまで進むと、ワカメも闌(た)けて硬(か)とうなってきますで、大体三月中に刈ります。次はヒジキの口開けがありますけど、布施田はとれんですわ。片田や越賀(こしか)ではようとれると聞いています。テングサはとれますけど、これも沖の小島まで行かんととれんしね。今年は波の荒い日が多いんで、口開けからもう五日になりますけど、漁に出たのはたった一日だけです。ないないづくしの磯になってしまいました。

布施田では、現在（二〇一四年夏で）、三六人の海女がおり、ほかに男の海士が九人いて合わせて約四五人が潜りの仕事をしています。その仲間で海女組合を作っています。一人、年額五〇〇〇円の運営費を払っています。また、乗り合いで、一艘の船に何人かの海女が乗って漁をする場合は、一日のとれ高の一割を各人が船頭さんに払います。そやで、船頭さんの方から言えば、潜きの上手な海女を大勢乗せて行く方が収入にはなるんです。どこでもそうやと思うけど、年とって体力が落ちて来ると、船頭さんに気を遣って、船には乗らんと、私ら二人のように、浜から泳いで潜くようになります。私らのように船頭さんが亡くなってしまったような場合もありますしな。

潜きは時間がきびしく決められています。一日二回の潜水で、第一回目、これが午前でひと潜き、二回目が午後で、ふた潜きと言っています。午前は一〇時半から一時間潜り、午後は二時から三時まで、これが二月から四月いっぱい、それぞれ一時間ずつです。五月、六月は一回目の一潜きの時間が三〇分延長されて一〇時開始となります。七月以降は、午前は九時半から二時間潜れますし、午後も三〇分延長されて、三時三〇分まで仕事ができます。とにかく作業時間を厳しく決めて、とりすぎない対策をしているんです」（浅野）

「私ら二人とも、女の子を授かりましたけど、海女にはならんとな。これだけとるものがないと、親の方からは海女になったらとはよう勧めませんしな。うちの娘は給食婦、浅野さんのところは、和裁で着物の仕立て、二軒とも海女は一代です」（田畑）

「そやけど、浜口さんという家は、一家で潜きの漁をしています。両親が船人で、お母さんが海女、娘さんが海女で、その息子も海士で、息子の嫁さんも海女、この人は和具から嫁いできた人なんですが、とまい（船頭）さんのお父さんを入れると、一家五人でやっているわけです。そこそこの水揚げをしています。布施田の磯をひとり占めや、と言うとるんですわ」（浅野）

三人で西の浜に出た。浜のすぐ脇の小屋の横で、ワカメを干す人がいた。頬被りしていて顔は分からないが、この人も海女で二人の仲間うちである。ワカメは一本一本洗濯ばさみに挟んで、すだれ干しされている。潮風に揺れて磯の香を放つ。春の陽射しにワカメがつややかに光った。

3　八〇まではいっしょに船人やりたい

志摩市志摩町布施田
二〇一五・一一・七
山口貢（やまぐちみつぐ）さん
ツナさん

布施田の磯、いまむかし

国道二六〇号からはずれると、布施田の集落も前志摩（さき）独特の細い路地に変わる。どこを曲がってよいのやら、家が建て込んでいる道である。訪ねる家を探しながら、海の見えるあたりへ出た。船人[*1]で海女漁をしている山口貢さん、ツナさん夫妻の家は、魚市場の近くであった。静かな秋の午後、海は凪いでいた。山口貢さんが玄関を出て、庭で私を待ってくれていた。

「私が昭和一八（一九四三）年生まれ、父さんが一つ年上の一七年生まれ。お互いの家はすぐ隣同士で、いわば幼馴染みがいっしょになったんですわ。私が生まれた家は、父方も母方もずっと代々海女漁で暮らしを立ててきた家でした。私も学校出て、海女になりたいと言うたんですけど、母親があんな辛い仕事は娘にはさせたない、と言いましてな。当時は、前志摩はどの地区でも、真珠養殖が全盛のころで、若い娘は引っぱりだこやった。そんなときでしたで、真珠養殖の仕事をして、珠入れ[*2]の技術を覚えよ、と母親に勧められて、その仕事をしたんです。布施田に山崎真珠という手広うやっとる業者があって、そこへ雇って貰いました。最初は賢島(かしこじま)の方で仕事をして、あと四国の宇和島(うわじま)の漁場へ二年ほど行きました」(ツナ)

「この山口の家は、私の母親が海女やって、まあ上手な海女の一人でしたんやろ。兄と妹の船人でしたが、あと私がとまい(船頭)をして、船人の漁をしました。親子、母と息子の船人ですな。布施田ではきょうだいの船人もあったし、たまに稀には、他人同士でやった組もありました」(貢)

「結婚して子ども二人授かって、その時分はおばあさん(しゅうとめ)は現役でしたから、家の祖母やら、隣近所の人らが子どもの世話をしてくれるというか、面倒を見てくれました。隣近所の助け合いのおかげで、ずっとやって来られたんですわ。最初、海女になったころはおばあさんが主人と船人でやっていましたで、私は徒人の海女で潜きをしました。布施田では、一艘の船に何人かの海女が乗り合わして漁に出る方法を、そのように言います。サッパとも言います。おばあさんは上(じょう)海女で、

＊1　男女二人で船に乗り海女漁をする方法。夫婦一組で漁をするのが普通。きょうだいの場合もあり、組み合わせはさまざまであった。船人の漁は近年減少している。
＊2　真珠養殖業でアコヤ貝に真珠の核を挿入する作業のこと。

腕が良かったし体も丈夫で七八歳まで現役でした。そろそろ止めんか、と言われてね。バブル景気のころは、漁もあって、それで値段もよかったですでな。そのおかげで、私らの家でも息子を大学までやれたんです」（ツナ）

「そんなことを見てきていますから、今の落ち込みはてんぷな（大変な）差でね。当時と比較すると言葉も出んぐらいですわ」（貢）

「桶一つで行って、ひと夏で二〇〇万稼いだ海女はざらにいたんです。私なんかも桶にいっぱいとって、それだけやなしに、スカリ（とった貝を入れておく網）にも入らんぐらいとりました。おばあさんは、一日三〇キロが普通やったですよ」（ツナ）

「母親は、多いときは一〇〇キロのアワビを一日でとりました。まあ、その時分は潜る時間は無制限やったけどね。船の中にいろりが切ってあって薪焚（まきた）いてその火に当たって体を温め、ひと休みしてまた潜くということの繰り返しの一日でした。一日で一五〇キロのアワビをとった人もいたし、とにかく、どこを潜ってもアワビがいっぱいおったでね」（貢）

「私ら子どものころは、母さんは海へ行っとるし、漁から帰るのを待って、とってきたアワビを運ぶ手伝いをしました。母さんなんか、一つ一キロもあるような、大っきいのをとってきてな。そんなのがいっぱいとれたんですわ。ちょっとでも傷しとると、そらくれるわ、とそこらにおる人に、誰にでもあげたもんです。大っきいアワビがおったでな。今は、三〇〇グラムもあったら大っきい方ですわ。

布施田の漁場を説明する山口ツナさん

布施田の港を背にして立つ船頭の山口貢さん

布施田では、昭和四六（一九七一）年から、ウエットスーツを着始めたんです。潜く時間も厳しく決められましたしね」（ツナ）

「漁場は広くはないですが、海女漁に適したあまり深くない漁場が多いです。大体和具小島のまわりから、片田の麦崎（むぎざき）あたりまでが、布施田の海女が潜くことのできる範囲です。深い所はないし、ずっと瀬やしね。深い所で二〇メートルぐらいの水深やでな」（貢）

「徒人のときは若かったし、八尋（ひろ）ぐらいまで潜りました」（ツナ）

「船人のとき、今はエンジンで、つまり動力で引き揚げます。ハイカラと言われている仕方で、昔の人力だけのときに比べたら、楽になったですわ。海女を揚げるのに滑車を使ったのをハイカラと言ったんです。見ている人には簡単なようでも揚げるのは割合むずかしいです。海女を引き揚げてから、重りを揚げます。重りのときは、最後まで同じ重さやけど、人の場合は、上の方へ来れば、海女自身の力で揚がろうとするで、引き揚げる方はそれだけ力の入れ方を加減せんならんのです。海女は揚げてくれと綱を引っ張って合図します。それが船頭の手に分かるから、すぐ一気に引き揚げますが、二人の呼吸が合わんと、綱に手をからませてしまうとか、危険と背中合わせの仕事です」（貢）

「桶に綱を付けとるんです。腰の方は綱を結びません。綱の端を丸めて、それを腰の紐（ひも）に挟んでおきます。綱が岩やアラメにからんで、こらあぶないと思ったときは、腰に挟んでおいた綱の端を体からはずして、揚がります。結んであったら、それをほどく間に息が切れます。そんなときは、綱をはずして、岩を足で蹴って体だけで揚がって来るんです」（ツナ）

「命綱付けて船人の海女漁しとる人らは少なくなったです。今年（二〇一五）、布施田で七、八組ぐらいですやろ。一〇艘もないな。和具ではもう三年ぐらい前から無(の)うなったし、東の片田も少のうなったと聞いていますで、あと、二、三年でこの志摩町全域で何組残るやろか、と心配です。潜いてもとるものがないのやで、続けられんわけや。

布施田では、ひと夏の漁の日数は八〇日前後で良しとせんならん、ということやったですけど、今年は特に台風の影響で波が荒ろうて出漁できん日が多かったでね。私の所は、秋から冬はイセエビの刺網(さしあみ)漁を二人でやっとるから、アワビの口開けは二月からですが、四月いっぱいはエビ網掛けをする。そういうことで、船人の漁は五月からなんです。今年は出た日数も少のうて、三五日しか仕事できなんだですわ。去年は五〇日でした。二月からしっかりやる人でも六〇日ぐらいです」（貢）

「一〇年ぐらい前からは、アワビはほとんどとれませんで、サザエ専門の船人やと笑ろています。サザエは四、五〇キロとりますが、それにアワビがちょっと一キロも混ざればええ方です。去年はアワビが一日で一〇キロとれた日もあったけど、そんな日は年に一日か二日でね。アワビ探した日は、当然サザエは少ないしな。

どういうわけか、アワビの小っさいのがちょっとも見かけんのですわ。稚貝がひとつもおらんとどの海女も言うています」（ツナ）

「何が原因なんやろか、といろいろ話し合うこともあるんですが。伊勢湾の長良川(ながらがわ)河口ぜきができて、伊勢湾に木曽三川の水が流れ込みにくうなったころから、急に磯が変わったのが、年中海に出て何かの漁をしとる者には、それが実感としてわかるんです。海はひと続き、四日市公害のとき油臭いボラが泳いで来たのと同じで、伊勢湾の潮は熊野灘に続いていますからね。あの河口ぜきができてから、熊野灘の沿岸漁業は確実に悪うなりました。

アワビがとれんとれんと嘆いてばっかりおらんと、とれる工夫をせんといかんのやけど、それがまた今ひとつ力が入らんのでね。磯を三つか四つの区割りにして輪採制でやればという案は誰でも思いつくんですが、これだけの狭い漁場では、割りようもない。禁漁区もあって、年に二、三回しか行けん漁場ですが、口開けしてもちっともおらんのです。放流のせんイセエビは、毎年そこそこの漁獲があるのに、稚貝を放流しているアワビは、それが実績として漁獲にあらわれてきていません。

「禁漁区の口開けで潜いてとれるのは老貝と言いますんか、貝が黒うなって身はやせていますしな。アラメが極端に少ないんですわ。その分ホンダワラというか、藻が生えています。海水温の影響やろか、とも考えますけど、どちらにしても磯の環境がいつの間にやら、がらっと変わってしまったんです。まだ昭和五〇（一九七五）年ごろはアラメの林がありました。あれが全滅しました。林のような所を掻き分けて泳いで行くと、アラメの根元にアワビがおったもんです。葉を掻き分けて入って行けば必ずアワビがおったですわ。

私は二六、七のころ海女なったですが、初めのころの海の底の美しさは、びっくりするほどでした。海に潜って磯を見ますと、春はテングサなんかも伸びてきますし、まるでいちめんに赤や緑の花が咲いたようになりました。夏になるとアラメが大っきいなって、林のようになります。それが秋になると木の葉が散るようにアラメも葉が落ちてね。磯の中にも季節があったのかと、最初の年は驚きの連続でしたわ。それが今はそんな変化は全然ないんです。

ウミウシなんかもようけおったですんな。そんなもんまで、すっかり無うなってしもています。和具小島のまわりの磯は、以前はヒロメのようとれる所でした。今までは、この東の片田の麦崎を境にして、あちらはワカメ、こちらはヒロメが生える磯でしたが、年々、布施田の磯にも、あのメカブの付いとるワカメが多うなってきています。これも環境の変化のあらわれですやろ。以前は和具小島の磯には広い葉のヒロメがびっしり生えたもんです。それは見事なものでした。潮の流れで葉の広いヒロメがびっしり横に張りついたようにして、緑の敷物をずらっと広げたような感じでした。あれもない、これも見やんようになった、そんな実感しかないのが、最近の磯の状態です。ウミウシなんかも多かったけど、今は何もおらん海の底です。海女漁をこれから続けて行くには、何はともあれ、磯の資源を回復させることやと思います。とるものがあって、海女の潜きが続いていけるわけですで、漁場を大事にすることとです。八〇歳まで は二人でいっしょに船人やりたいですもん」(ツナ)

漁に出る港までは指呼の間である。家の近くに海女小屋があった。一人で使っているという。中を見せて貰った。薪が積んである。横に、掘ったサツマイモが大小不揃いに置いてある。小屋のまわりの畑も、私がいろいろ作っているんです、とツナさんは話す。

堤防に出て海を見た。前方に和具小島が横たわっているのが望まれた。その先にある小さく見える方が和具大島だと、貢さんが教えてくれた。二つの島は重なって一つに見えた。熊野灘が広がる。凪の海であった。半年先には、この先で「伊勢志摩サミット」が開かれることを、呟くように言えば、「これからだんだん海上自衛隊の巡視船が増えてきますやろ。大会の前後何日かは、漁師は海に出やんと（出ないで）、我慢してくれと言われるかも分からんですわ」

主の貢さんはこのように応じる。

「太平洋から英虞湾へ潮を通す深谷水道もこの近くにあるし、サミットが近づけば警備が大変でしょう。住民は我慢我慢の一週間でしょう。聞くところによると、英虞湾内に置き去りになっている廃船や沈船は五〇〇隻はある、いや一〇〇〇隻はあるという人もいるらしいですが、サミットのおかげでこれらが撤去されるらしいですから、せめてものこと、漁業者にとってはそれだけが儲けものであった、ということになるかも分かりませんな」

二人の前で、私はこのように話した。浜に続く崖の上でツワブキの黄色い花が揺れていた。

4 母を偲び、姉妹を想う

志摩市志摩町和具
二〇一三・八・一八
瀬戸脇芙美子さん

母も姉妹四人も海女に

和具は前志摩半島の中央に位置する漁業の町である。古くから海女漁業のさかんな所として知られる。今、約五〇人ほどの海女が潜く。戦後間もない一九四九（昭和二四）年の約五〇〇人に比べれば、一〇分の一にまで減少したが、それでも志摩市全域では最も多い。海女の高齢化が言われて久しいが、ここでも、六〇代、七〇代が全体の三分の二を占めている。

和具は海女漁ができる磯が広く、アワビの禁漁期間を除いて、年間を通して潜くことができ、漁場形態は千葉県外房の白浜などの海域に似ている。それに加え、沖に和具大島があり、周囲にアワビ、サザエをはじめ、ワカメなどの海藻も採取できる見事な磯が広がっていることが、海女漁を育んで来たと言える。

和具大島が沖に浮かぶ和具の町で、元海女であった人から、母親や姉妹の海女漁の話を聴いた。その人は瀬戸脇芙美子さんと言う。一九三七（昭和一二）年、和具で生まれた。中学校を卒業してすぐ海女の稽古をした。当時は、志摩地域では和具と言わずどこでも海女が稼ぎ頭であったから、漁師の娘なら海女になるのが当たり前という時代で、海女でないと嫁に行けない、と言われた。母親や姉たちの後ろについていった、という感じであった、と当時のことを芙美子さんは話した。一九五三（昭和三八）年ごろのことである。

「もう小学校六年生なら、夏は磯へ行って、バチャバチャと足動かして潜って、浅い磯の間に頭突っ込んで、磯もんやトコブシをとっていました。毎日の日課のようなことやったです」

ここで言う「磯もん」とは、食用になる小さな巻き貝のこと。イボニシ、イシダタミ、クボガイ、スガイ、バテイラなど、貝殻は緑褐色か青黒いものが多い。殻の口の蓋（ふた）はサザエのように厚く石灰質の貝と、バテイラのように薄い角質のものと、両方がある。ボウシュウボラの蓋は角質であっても、あれだけ大型の貝は磯もんとは言わない。サザエもしかり、それぞれの名を言う。売れる貝だからだろう。近ごろは磯もんでも、大きなものであれば、店頭に並びそれなりの値がつく。

トコブシはアワビに似た小型の耳の形をした貝で、身はすこぶるおいしい。おいしいがアワビの子ではない。同類だが別の貝である。アワビのように高いふくらみはなく、貝は扁平（へんぺい）、呼吸孔は七つほどが開孔して並ぶ。志摩から熊野灘沿岸の磯でよくとれた。トコブシの缶詰があるが値は高い。トコブシも和具の海女にとっては、貴重な獲物であった。今は激減している。

「海女になるのには、二、三年ぐらいは稽古海女と言われる修業期間があるんですわ。それをすまして一人前の海女と認められます。その間に、見よう見真似で潜きのやり方やこつを身につけるんです。誰に教えて貰うということやなしに、自分一人で体験して覚えました。
海女になって三年ぐらいしたときでした。昭和三一年ごろかと思いますが、前の海で硫酸を積んだ船が座礁する遭難事故がありまして、磯が硫酸で全滅して海女漁ができんようになりました。そのころ、真珠養殖もさかんでしたので、アコヤ貝に核を挿入する、珠入れという仕事に雇われて行く、つまり転業をしました」

出稼ぎの海女の作業はアワビ、サザエ、テングサの採取だが、五ヶ所湾と九州の大村湾では真珠の養殖作業に従事している。

この一文は、一九七九（昭和五四）年七月刊の『郷土志摩』第五四号（志摩郷土会）の中にある記述である。

引用文の通り、戦後、志摩半島の西の五ヶ所湾でも真珠養殖がさかんとなり、作業員として志摩の各地域から、大勢の海女を雇った。働き先で結婚した人も多数いる。長崎県の大村湾でも同じであった。芙美子さんは、長崎県西彼杵（にしそのき）郡の真珠養殖漁場へ働きに行った。いわば形を変えた出稼ぎである。

「長崎の方から働きに来てほしいという声が掛かりまして、何人かで行きました。あちらに、西彼杵半島というのがあり、東岸は大村湾に面しています。その一部に突き出た小っさい半島があって、その突端にある小口（おぐち）という漁村でした」

家族の中で女はすべて海女であった芙美子さんのいちばんの思い出は、母と姉妹の海女漁のすばらしい仕事振りである。上海女（じょうあま）（漁の上手な海女）の仕事を次のように言う。

「私の生まれた岩城（いわき）の家は、代々海女の家でした。母親の岩城コヤスは明治四一（一九〇八）年生まれです。船人の海女でした。夫婦二人で船で漁場に出て、潜きの仕事をしていました。母は私が五歳のとき、乳癌を患って手術をして乳房は一つしかありませんでした。それでも体は丈夫で、手術したあとでもう一人子どもを産んでいます。私の妹で合わせて姉妹四人、全部海女になりました。ただ私はたった三年だけの海女でしたが」

船人、つまり夫婦一組でする海女漁は、夫が船頭役で、船の上で海女が腰に付けている命綱を手であやつりながら、妻の仕事の様子を注視し、仕事のあとの浮上を助ける。今は、滑車を使って引き揚げる方法が普及し、ハイカラと言われる。さらに進んで発動機が使われ省力化がすすんだ。最近は高齢化が進み、和具では現在船人の漁は絶えてしまっている。

私見であるが、千葉県や大分県では、志摩地域とは逆で、妻が船頭の役目をして、海士（あま）の夫の漁を手助けする。夫婦がいっしょに潜る場合もあり、この形態は、志摩地域にも見られるようになった。御座（ござ）、越賀（こしか）、それに大王町（だいおうちょう）波切（なきり）にも、夫婦共潜（ともかず）きがあると聞いた。

和具の磯を背にして立つ瀬戸脇芙美子さん

「姉妹の中では私が三番目で、妹の壽子(としこ)は大阪で万博のあったあと、海女の仕事をアメリカで見せるということで、シアトルへ渡り、向こうで日本人と結婚して、今もあちらに住んでいます。

とにかく、昭和二〇年代は和具の浜には海女がいっぱいいいました。それでもアワビもサザエも湧くようにおりましたで、とれてとれてというような年が、しばらくの間続きました。和具の海女は自分の稼ぎで家建てる、と言われていたぐらいで、それだけの稼ぎがあったということです。

私のすぐ上の姉は、昭和六(一九三一)年生れ、和子(かずこ)と言いました。夫婦で船人の海女漁をしていました。突然のことやったのですが、姉が潜いとるとき、海の中で頭の血管が切れて、一命を落としました。救急車で地元の病院へ運ばれたんですが、ここでは無理と言うことで、伊勢市の山田日赤へ転送されましたが、何しろ、距離もありましたし、その日ちょうど町で歌謡ショーがあって、車の渋滞にひっかかり、手遅れでした。五九歳の現役の海女で命を落としました。海女としては働き盛りだったんです。

海女が海で死ぬということは、昔からよくあることで、姉の場合は身の不調やったと思いますが、命綱が岩に生えとるアラメやホンダワラなんかの海藻にからんでしまって、海の中で息絶えるというような事故は、毎年、どこかの磯であります。危険がいっぱい、その中で仕事をするわけですから、信心とかお呪(まじな)いなどに頼るということになります。星印のセーマン、縦五本横四本の線を引いたドーマンという呪いの印を、頭にかぶる手拭いに書くのも、命だいじの気持ちのあらわれです。

母は和具ではアワビとりの名人や、と言われた潜きの上手な海女でしたし、長生きしました。とにかくよう働く人でした。それと父親が、とまい（船頭のこと）が上手で、二人で三人分ぐらいの力量がありました。そやないと（そうでなければ）、毎年あんなにアワビとれるわけがない。アワビのようけおる（たくさんいる）岩場、つまり、いい網代(あじろ)を知っとったんです。毎日、違う漁場へ行くんですけど、どこの磯で潜ってもそれは大漁の連続でした。

とれてとれて、という感じでした。磯桶に二杯、それもぎっちりいっぱい入っていました。私らはその桶を魚市場へ運びました。とってきたアワビはどれも大きかったです。桶は重ねられませんで、別々に運びました。子どもたちも、みなそれぞれに手伝いをしました。

手伝いと言いますと、漁場から帰って来た船を浜へ引き揚げる手伝いもありました。港が今のように大きくなかったですから、砂浜へ揚げました。私たちは船が帰って来るまでに、すべりという丸太

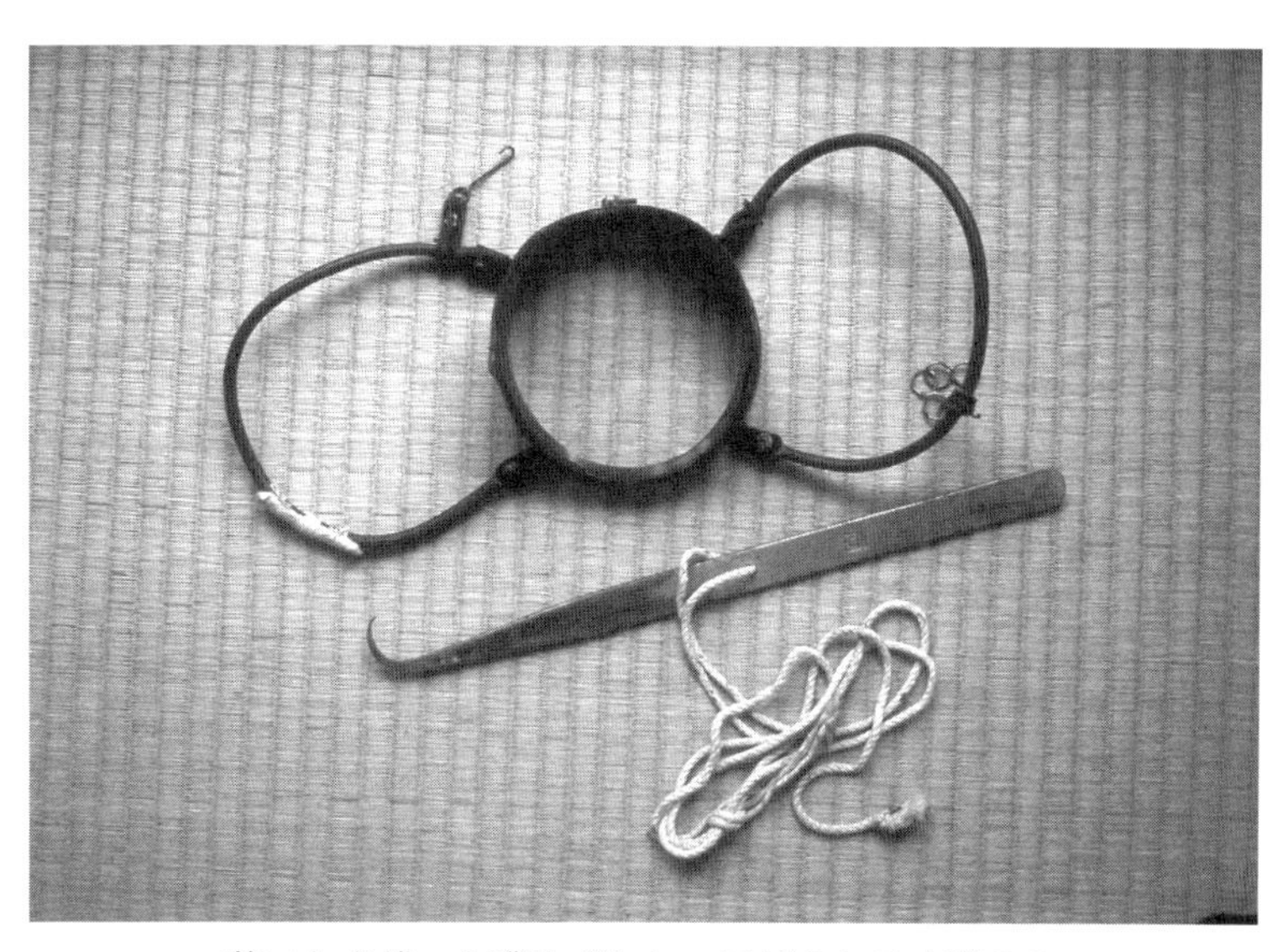

若いとき使った磯めがねとアワビをおこす磯のみ

の棒切れ、長さは一メートル五〇センチはありましたやろ、それを拾い集めて砂浜に等間隔に並べて待っとるんです。すべりという棒は、浜に何本も転がっていて、誰の物というのではなく、みなが共同で使っていました。

船は綱で引っ張って揚げました。船の後ろ、艫と言いますが、翌日沖へ出すとき舳先から出られるように、艫に綱を結びつけて引き揚げました。大抵は浜に置いてあるカグラサンで、大勢が手伝い合いながら船を揚げました。みんなの手伝い合い、助け合いの中で、海女漁は成り立っていたと思います。

カグラサンというのは、船なんかの重い物を引っ張るのに綱を巻くろくろです。どこの浜にも一つや二つは置いてありました。太い丸太の胴に穴をあけて、そこへ長い柄を差し込んで、手で柄を押しながら、何人かで一方方向にぐるぐると巻き付けていく道具です。今は砂浜が少のうなったですから、カグラサンは無用でもう見ることもできません。カグラサンで船を揚げる時代は、近くにおれば誰でも手を貸してくれました。なつかしい漁村の風景でした。

私の海女になりたてのときは、一五人ぐらいの仲間に入れて貰って漁に出ました。乗り合わせて沖に出るのを、和具では徒人と言います。どこの磯へ行くのかは、その日の船頭さんが決めました。和具大島の囲りが多かったですけど、その日の潮の状態や風向きなんかで、島の東側とか西の磯とか、それは船頭さん、つまりとまいさんが決めました。

飛び込んだ海の下が砂地か岩場か、岩場ならどんな磯か、このようなことは何年かやるうちに頭に入ります。私らが始めた昭和三〇年代初めは、今のように時間の制限がなかったから、働き次第、精次第といった一面もありました。グループで仕事をしていますから、もうちょっと潜きたいな、と思っても、帰りはいっしょに船に乗って、ということですから、そこは協調がいちばん大事という雰囲気でした。

私は、母親や姉らの仕事ぶりを、それこそ毎日見聞きしていましたから、これはいい教科書でした。母親といっしょに潜くだけの海女になるまでに、私は転業して出稼ぎに長崎まで行ってしまいましたので、いっしょに潜く機会はなかったのですが、今も、母の働く姿が眼に焼きついています」

瀬戸脇芙美子さんは、つい最近まで海女の磯着を縫っていた。和歌山県白浜の素入(すい)りの海女（観光客に潜水作業を見せる海女）の磯着を一手に引き受けていた、と話す。天竺(てんじく)木綿を買って仕立てる。

芙美子さん仕立ての磯着は体によく馴染むと評判で、一〇年以上縫った。腰を痛めて今は中止しているが、これからもぜひにと注文が来るかもしれない、と笑う。上下揃いに一本手拭いをつけてひと組だそうである。潜らなくても漁村暮らしの中で、どこかで海女と繋(つな)がっている。

〈参考資料〉『平成24・25年度海女習俗調査報告書――鳥羽・志摩の海女による素潜り漁――』二〇一四・三・三重県教育委員会刊。この中の、「和具で聞いた海女二人の話」(川口祐二執筆分)を参考にした。

5　和具の海で海女ひとすじ

志摩市志摩町和具
二〇一三・八・二〇
田野上サヨ子さん

瀬戸脇芙美子さんに会って、話を聴いたあと、若いころの潜きの海辺を歩いたとき、堤防の近くの森の下に建つ小さな海女小屋で、体を横たえてひとり昼休みをしている海女に会った。その人とは五年以来の再会であった。ＮＨＫのラジオ番組「ラジオ深夜便」の、同名の雑誌に出す写真を、この小屋の前に座って貰って撮ったことがあった。田野上サヨ子さんである。あなたの話を聴かせてほしい、と頼んだ。九月一四日まで仕事のできる日はいつも来ているから、都合の良い日にどうぞ、との返事である。近いうちに改めて来ますからと約束して、その日は別れた。

電話で会う約束をした日、朝からの磯の潜きが終わる時刻までに港に着いた。焦げつくようなコンクリートの岸辺の道を歩く。海女小屋の前に単車が二台、荷車も置かれている。午前一〇時四五分である。まだ海女さんたちは海の中にいるらしい。桟橋に出てみた。サヨ子と持ち主の名のある小さな手押し車が一台、ぽつんと炎天の下にあった。

磯を見ると四人の海女がいる。午前の潜きは一一時までである。少し先の沖の磯から帰って来て、桟橋の前で四人はゆっくりとした動きで潜きを続けていた。赤い小旗を浮輪に立てている。海女がここにいるという目印である。浮輪をタンポと呼ぶ。ウエットスーツを着て、頭は黒い帽子ですっぽり隠されているから、四人のうち、どの人がサヨ子さんかはっきりしない。私は桟橋の突端に立って、田野上サヨ子さんを待つ。潮風もなく凪いで猛暑である。息がつまりそうな炎天の下で、じっと立ち尽くした。

乗り合いで出た船が、何人かの海女を乗せて沖から戻って来た。それと時を合わせるように、四人の海女が浜に近づく。

「サヨ子さんおりますかいなあ」

声を掛けても返事がない。頭にはゴム製の帽子をかぶって、耳を隠しているので聞こえないのだ、と判断した。四人が揃って浜へ揚がってから、もう一度、同じことを繰り返して尋ねた。

「私（わたし）や、もうすぐ揚がりますでな」

砂浜から返事が届いた。

「漁ありましたか」

サヨ子さんの網袋を桟橋に引き揚げるのを手伝って、このように訊（き）く。

「少ないわな。こんなけや（これだけです）」

「それでも立派なアワビがありますやんか」

「たった一つや。このごろは毎日とれるもんやないでな。サザエもほんのちょいとや。大した漁やないわな」

　私はサヨ子さんと並んで、手押し車を押して海女小屋まで歩いた。サヨ子さんたちが使っている海女小屋は堤防のすぐそばに建っている。海が見える。その日の波の高さが分かる位置に建っている。とったものを運ぶのも、二、三分の距離である。四人のグループで海女漁をする。船には乗らず、各自、波打ちぎわから泳いで行って潜きをする。和具では、これらの人を浜子と呼ぶ。

　海から揚がって、すぐ着替えをする。天日で温めておいた水を体に掛ける。裸である。公道の前で水を掛けている。私はそこを離れ、下水道施設の建物の近くで、四人の姿が見えない日陰を探して、海女さんたちの着替えのすむのを待った。

　頃合いを見て近づいていくと、海女四人はそれぞれに腰を屈めて、サザエの重さを計っている。六〇グラム以下のものを選り出しているのだった。

「潜っとるときは、一つが六〇グラム以上あるか、五八グラムかはなかなか分かりにくいでな。そんな微妙な大きさのサザエは、揚がってから一つずつ量りで目方を見て、六〇グラム以下のものは、全部海へ返します。これをきちんとやらんと、結局は自分等の首締めることになるでな。こんなにしてみんないっしょに手伝いもんで（手伝いながら）やるで、ごまかしもないしな。網の袋に入れておいて、次の潜きのとき、磯のええ場所に返してやります。こんども私にとられてくれよ、言いもんで

朝からの潜きを終えて、浜へ帰る田野上サヨ子さん

とったサザエを手押し車で海女小屋へ運ぶ

（言いながら）磯に返すんです」

　四人とも小ぶりの同じ形の量りを使っている。どこまでも公平にと心がけているのだ。

　正午前、三人は家へ帰った。サヨ子さん一人が弁当持ちである。昼休みは海女小屋でする。弁当を食べながら話を聴く。私も駅の売店で買ってきたおにぎりにかぶりつく。小屋の横の狭い日陰の所に茣蓙を敷いて、二人は膝つき合うようにして、弁当を食べながら話し合う。繁みの上ではしきりにカラスが啼いた。

「田野上、野が入りますんや。サヨ子のサヨは片仮名、田野上サヨ子です。昭和八（一九三三）年四月生まれ、もう八〇を出ました。和具の生まれで小学校出てすぐ海女になりました。それからずっと海女、あちこち出稼ぎに行った海女も大勢いましたけど、どこへ働きに行くことも無うて、ずっと海女ひとすじの人生です。これからもやれるだけは海女続けます。

　和具の女の子なんかは誰でも学校へ行っとるときから、潮浴びというて磯へ行って、海女の真似事のような泳ぎをして、テングサとったり、フクダメを三つ四つとって大喜びしていました。フクダメ一つとると、だんだん興味が湧いてきて、ちょっとでも深う潜ろうと努力します。そんなにして磯に馴れていったわけですわ。フクダメというのはトコブシのことです。

　稽古海女のうちは、和具大島に降ろして貰って、そこで仕事をするのが普通のやり方でした。そのうち段々上達してきて、一人前になったと認められると、徒人となってみんなといっしょに仕事をしました。一〇人ぐらいの海女が乗り合わす船に乗せて貰うことができました。

初めごろは五梃櫓で出ました。五人で櫓漕いで潜く場所まで行きました。船頭さんはもちろん漕ぐけど、私ら海女も漕ぎました。船の後ろの艫（とも）、そこで漕ぐのが、ともろ、船の中ほどが、なかども、あいども、それに、かいろと言うて、いちばん前が二人、これで五人ですやろ。三〇〇メートルぐらい漕ぐと、海女はもう疲れてくる。そうするとほかの水夫（かこ）と代わる。このときは、櫓を漕ぐ海女を水夫と言うとったですわ。海女もみんな交替で漕いだんです。風が追い風のときは、帆まいてな（帆を張って）。そのときはともろ一挺で行けたけど、途中で風向きが変わると、また五人で漕いだですわ。水夫という通り、海女も男と同じだけの仕事をしました。よう働いたと思います」

このことでは、『磯漁の話――一つの漁撈文化史』（辻井善弥著・北斗書房刊）の「磯船」の章の中に、福井県常神（つねがみ）半島の言い方で、船の中央部を、「なかのま」と呼ぶと書かれていて興味をひく。

「私より年上の人が四、五人おるかいな。海女の仕事は自分の力の範囲内で、やれるだけやりゃええ仕事やでな。やれる人は八三になっても八四でもやりますわな。私も、八〇過ぎたけど、馴れた仕事やし、サザエ一〇個とっても身入りになるで面白いわさ、今までずっと行っとる人は、体の続く限り行きます」

「海女さんにとっては、アワビは何よりのものやでな。船人（ふなど）の船頭さんが、母さん（妻）のとったものを市場へ出すとき、アワビが多いと鼻高だかや、とどこかの浜で聞いたことがあります」

私はこのように話を挟んだ。

「私なんか今は一人で潜く浜子やで、気が楽やしな。乗り合わせて行っとるときは、早よう揚がりたいな、と思っても、ほかの人に悪いで、時間になるまでは入っとらなあかん（入っていないといけない）かったけど、今は自分一人の仕事やで気楽ですわ。

乗り合いの徒人の場合、その日の水揚げの一割五分を船頭さんに払うことになっています。年取って力が落ちてくると、とるものも少のうなってきます。船頭さんからすれば、上手な海女や若い人を乗せた方が、収入にはなるわけです。私も一〇年ぐらい前までは、乗り合いの徒人で漁をしてたんですが、船頭さんが船出すのを止めるということになって、それからは一人で海女漁をすることにしました。八〇近い海女が別の船の徒人の仲間に入れてくれ、とは言えんしな。この小屋使こうとるほかの三人も、海女止めんといかんような年になってから、ほかの船に乗せてくれとは頼まれん、と言うて、浜子で潜いとるんです。三人は、家の中におっても暑いだけやで、涼みに行くぐらいの気持ちで磯へ行くんや、と言うています。

浜子で海女漁するようになったのは、一〇年ぐらい前です。それからずっと休まんと海へ出ています。夏だけの海女やけどな。去年までは、同い年のもう一人の連れと、二人でこの海女小屋使（つ）こて、この前の磯で潜いとったんですが、その相手がもう出来んと言うて止めました。一人ではいかんな、と思（おも）とったら、乗り合いの船でやっとった三人が、いっしょにやろやと組になってくれました。年も一つか二つ違うだけのみんな高齢者、年寄りの海女四人組というわけですわ。

主人は昭和四年生まれ。平成二一（二〇〇九）年一二月に亡くなりました。結婚した当時はカツオ一本釣りの漁師でした。おじいさん（舅（しゅうと））が魚突きの漁師でしたんで、私はその船に乗って船人の稽古をしました。おじいさんと父さんと三人で行って、私が潜る。とまいの役は男二人が交互にして、その間、一人は魚突きをしたんです。そんなにしとるうちに舅が体が弱ったと言うて、漁師止めましたので、あとは夫婦二人でやりました。私の連れ合いも魚突きが上手で、それをやりたいと言いますので、朝からの船人でやる潜きをすまして、午後は、父さんは一人で魚突きをしました。鉄砲びしでクロメ（クロダイ）を突きました。魚杈（ひし）の柄（え）にゴムが付けてあって、それを引っ張って魚を突きました。

私は午後は徒人の組に入れて貰（もろ）て、潜きをしました。海女漁のすべてをやったんです。船人のときも貝はおった。そやで毎日が楽しかったですわ。潜って行けば必ずアワビはおったでな。とってもとってもおった、という記憶があります。どこからか分からんけど、湧いてくるという感じでした。今の何倍もの海女がおったのに、大漁できたんですでな。和具の磯は、私ら海女にとっては、宝の海でした」

小さな海女小屋について尋ねてみた。

「この小屋、見ての通り、和具でいちばんの、小っさいしぼろやけど、これ、私とほか二人の海女で建てたんです。男の人の手は借りとらん。二人はもう亡くなってしまいましたけどな。

材木を拾い集めてな。柱になるような、太いのをあちこちで探して拾い集めて建てたんです。樽木（たるき）で屋根ふこうと思たら、それが寸法短こうて、途中で繋いだりしました。男の者（もん）らには手伝（てっと）て貰ろとらんのですわ。金槌で釘打って、何日もかかって建て上げました。横はブリキトタンを張りました。

海女３人で建てた小さな小さな海女小屋

これは新しいのを買うたんです。夏は風入れたいで、横から風が入るように工夫しました。いろりはあるけど、小屋が小っさいでほかの三人はここでは休まらんと言うて、昼は自分の家に戻って、また、時間になるとやって来るんです。そやで、いつも二時前までは私一人や。ここで横になって海の風に当たっています。最近は春の潜きはあまりやらんけど、寒いときは中で休みます。夏は暑いで外の陰の所に莫蓙敷いて横になってな。それがいちばん体が休まる」

その日の出漁はどのようにして決めるのか、と訊いた。答えは次の通りであった。

「朝、旗が立ちます。海の様子見て、行くか行かんかを組合で決めるんです。出漁できる日は白旗、止めの日は赤旗、どちらかが立ちます。昔は、黄色の旗もありました。これは、昼まで待って、風や波がおさまったら出漁する、という旗やったけど、今はありません。見合わせの旗と言うとったです。

午前の潜きは九時半から一一時まで、午後は二時から入って三時までです。そやけど、三時まわると、もう揚がろうやと言うて早や仕舞いです。とったもんを市場へ出さんならんで、ちょっと早よう帰ります。四人は、今は家族のようなもんや。磯の姉妹、そんな気持ちでやらんといかんのです。助け合いがないと続かんですわ。これからもやれる間だけは海女の仕事やりたい。ええ仕事やもん」

午後一時になった。立ち上がって、サヨ子さんに桟橋まで歩いて貰い、磯を背景にして写真を撮った。海女の微笑(ほほえ)んでいる顔が、レンズの向こうにあった。海女小屋の前でお礼の挨拶をして、元気でやってな、と声を掛けて踵(きびす)を返す。カラスが繁みの中でしきりに啼いた。照りつける港の午後である。漁協の広い庭を斜めに横切って、バス停まで近道をする。バスは午後一時一五分に和具を通る。日陰の壁に体を寄せて、吹き出る汗を拭いて待つ。

北側の古い瓦の屋根に重なって、アメリカ帰りの伊東里(いとうり)きさんが持って来て植えた松（正しくはシマナンヨウスギ）が、一二〇年近くの年月を閲(けみ)して亭々(ていてい)と立つのが望まれる。折りしも残暑の午後、真っ白い雲の峰が二つ、お里きさんの松を抱くように、青空の中でその高さを競っていた。

〈参考資料〉本章の4と同じ。

6　アワビを探し、ヒジキを刈り

志摩市志摩町越賀
二〇一五・三・二
二〇一五・五・五
二〇一五・一一・五
西井正子(にしいまさこ)さん

二〇一四年夏の海女漁は

国道二六〇号を走る三交(さんこう)バスを越賀(こしか)神社前で降りた。八時過ぎである。先を走るバスを追うように堤防ぞいの道を真っすぐ歩いた。少し行くと右手、少し奥へ入った場所に昔から続く村芝居の小屋が建っている。改修された建物は見事だ。そこを通り過ぎてしばらく進むと左手の方に低い屋根の長い建物が見える。そこが目ざす越賀の海女小屋である。越賀の海女の一人、西井正子さんから夏の海女漁（二〇一四年夏期の）の様子を聴く約束ができていた。二〇一五年三月初めの海女小屋は人気(ひとけ)がない。すこし早かったかと早春の海風を体に浴びながら、堤防に立って西井さんの到着を待った。五、六分待っただろうか。単車で乗りつけてきた。

「遅くなってしもて」

　初対面の挨拶である。

「いえいえ、私が早すぎたんです」

「ここでは風が冷たいで、小屋へ入りましょうや。汚していますけどな」

　正子さんが戸を開けて、入れと合図する。小屋は広い座敷で、中央のいろりも大きい。小屋は使い古しといった感じで、いろりの焚火の煙で全体が黒ずんでいる。以前は八人の海女が使っていたが、今は四人です、と正子さんは言う。出漁するときも火は消さず、火種で沸いた湯は海から揚がったときの湯浴みに使う。風呂はない。近くは人家が建て込む場所だから、火の用心としては少し問題があるようだ。

「昭和一五（一九四〇）年一月生まれです。越賀生まれです。鵜方（うがた）の人と結婚しました。旦那は越賀を中心に電気工事をしていましたので、越賀に住まいして現在に至っています。私は根っからの（初めからの）海女ではないんです。中学校を卒業して、すぐ真珠養殖の珠入れ作業を見習いながら、ずっと仕事を続けて来ました。しばらくその仕事をやって来たのですが、真珠養殖がうまくゆかず不況になりましたので、平成五年に、今から二二年前になりますが、海女に転業したんです。姉二人も海女でしたので、海女になると決めるときは、二人は相談相手になってくれました。二人はすでに亡くなっておりませんが、子どものときから、海で泳いでいましたので、海女になるのに抵抗はなかっ

越賀の海女小屋。右手が入り口である

たです。平成一二年には、皆に推されて越賀地区の海女部長も務めました。

　私はここではサッパといわれる、海女数人が一艘の船に乗り合わせて沖へ行き漁をする方法で、海女漁をしています。隣の和具では徒人（かちど）と言っていますが。船頭をとまいさんと呼びます。海女はそれぞれ一日二〇〇〇円の乗り合い賃を、船頭に払います。とれてもとれんでも一日二〇〇〇円払うのが決めになっているんです。越賀では漁期が終わったあとで、船頭さんが乗り合わせて漁をした海女さんを、家に招いて一年の労をねぎらい、祝宴を開いてくれます。

　海女小屋には風呂はありませんので、ブリキ製のたらいで湯浴みをして、そのあと、いろりのそばでゆっくりと体を休めます。ウエットスーツは上下揃いで大体三万五〇〇〇円ぐらいします。しかし、もう七〇も過ぎて年とってきましたので、

海女漁のあと湯浴みをするたらいを前に話す西井正子さん

出漁日数も減りましたから、最近は上下を隔年で買うようにしています。今年は上着買うたら、来年はズボンの方というように出費を減らしています。足ひれも、底が割れたりしたとき、買い換えますが、一足七〇〇〇円ぐらいします。いくら節約でもこれは片方だけというわけにはゆきません。

先日、アワビの稚貝の放流に出役しました。出役した海女には三〇〇〇円支払ってくれましたが、これは海女組合（任意の親睦組織）が、浜掃除などの奉仕作業で貰った謝礼金を、積み立てておいた貯金から支払ってくれるのです。アワビの稚貝を放流することは、つまり私たち海女の仕事の安定になるのだからと、私たちは率先して協力しています。毎年放流するんですが、成果に繋がるのかどうか、私たちには今ひとつ実感がありませんけど。

私の出漁日は去年（二〇一四）は六四日でした。三五万円の稼ぎでした。その中から、船頭さんに払う分を引きますから、遊びのような仕事です。私が怠けているのではありません。とるものが急に減ってしまっているからなんです。アワビの稚貝は毎年放流しても、貝は減るばかりです。

越賀はもう魚市場も閉鎖されてありません。とったものはすべて入札時刻までに、和具の魚市場まで各自で運んで行かんといかんのです。車を使えん人は、船頭さんに頼んで運んで貰います。一日一〇〇円のお礼を払います。

三年前から桑名の若い娘さんが、海女をやりたいと夏の漁期だけ越賀へ来て、潜き仕事をしています。もちろん出資金を出して漁をする権利を取ってのことです。小屋は隣のを使わして貰っているんですが、船は私と同じ組で漁に出ます。一生懸命やっているんですが、まだ若いのにこのまま海女漁をしてよいのか、よう考えないな、と言うてやるんです。本人は海女が好きやから、と笑っとるだけ。そやけどな、これからどれだけ続けられるやら、こんなにとるものが無いとね。考えんといかんな、と言うてやるんですけどね」

話に出たたらいを見せて貰った。それが早春の朝日に当たって銀色に輝く。五月にヒジキ刈りがある、と西井さんは言う。そのとき、またやって来ます、と約束して、小屋を辞した。堤防の上を小走りに進んで、越賀神社前のバス停留所まで行き、帰りのバスを待った。

ヒジキ刈りの話を聴く

ヒジキはコンブ、ワカメ、モズクなどと同じ褐藻のなかまで、われわれ日本人が好んで食用にする海藻のひとつである。細い円柱状の軸部の周りに、短い棒のような葉が付く。若い葉の中には空気が入っており、そのため波の表面まで立ち上がって生育する。

二〇一五（平成二七）年五月五日は朝から晴れわたり、越賀はヒジキを干す日であった。八時過ぎ、西井正子さんを訪ねた。正子さんは港に近い道路添いの空き家の庭を借りてヒジキを干している、と電話で聞いていたので、それらしき場所を探した。何度か訪ねて来た所であるのに、そこがなかなか見つからない。探しあぐねて細い坂道を歩いて行った。誰か人がいたら尋ねてみようと思ったからである。坂道を登った所で下を見た。コンクリートの庭で、屈（かが）んでヒジキを干す人がいた。正子さんであった。もと来た道を降りて正子さんに会った。

ヒジキは食用となる貴重な海藻であるので、どこの漁村でも採取する日が決まっていて、その期間だけが解禁される。つまり、口開けである。村人は決められた日、露出する磯の岩の上で群生しているのを鎌で刈り採る。ヒジキはやや波の荒い海岸の岩石に付着して生育するから、前志摩（さき）半島の太平洋の波が寄せる磯は絶好の生育場所と言える。中でも越賀から御座（ござ）へ続く磯は良質のヒジキがとれる。

晴天の薫風の中で鯉幟が泳ぎ、雲ひとつない端午の節句の朝であった。ここちよい潮風の中で、西井さんはヒジキを干していた。コンクリートの三和土（たたき）一面にヒジキが干されていた。褐色ひと色の庭

五月の節句の朝、ヒジキを干す西井正子さん

であった。ヒジキは干しひろげたすぐはつややかに光っているが、日に当たって乾燥すると次第に黒褐色に変わる。

「きのう四日は雨降りでしたけど、仲間の海女が刈りに行くと言いますんでな、私も行きました。三日、四日の二日間で六五キロぐらい採りました。ここに干しとるのはその一部で、家の庭にも干してあります。

中にごみやテングサなんか、ヒジキ以外の海藻が混じっていますやろ。それを一つも残さんと取り除かんならん。これに手間がかかるんですわ。刈り採って来てそのまま干すだけなら楽なんですが、売り物にしようと思うと、それだけ根詰めんならんのです。ヒジキは下の方は葉が付いとらんで、その軸の根本も一本ずつ、両手でていねいにちぎります。根気のいる仕事ですわ。

越賀では、今年は一回目が四月の中ごろで、五月三日から三日間が二回目の口開けです。磯へ行って刈るのは一〇時からで、潮が満ってきますとその日は終わりです」

このように話す人は、手を休めず次つぎとヒジキの根元をちぎる。乾いたのを一〇キロ入りの袋詰めにして出荷する。

「今年の初値は、一キロ当たり一六〇〇円でした。ヒジキ刈りは海女で潜く仕事の合間にする、まあいわばおまけ仕事のようなことで、有難いです。取った物はまあまあの値段で売れましたしな。働けることは幸せやと、ヒジキの勘定見て思うんですわ。海で生かされとるんやな」

このような話しぶりに、働く人の喜びが感じ取れた。ヒジキをぱらぱらと撒くように干す手つきひとつに、そして弾んだような明るい話が、私の心を和ませてくれた。

「越賀には、今、海女が二〇人います。ほかに男の潜り、海士が一〇人、合計で約三〇人が海女漁をしているんですが、ヒジキを採るのは海女だけではありませんでな。越賀に住んどる漁協の組合員なら誰でも行けるんです。そやで口開けになると、村中の人ら総出です。その日だけは磯が人であふれます。とったヒジキも、夏のアワビやサザエと同じように、隣の和具まで運ばんならんのですわ」

かつて賑わった魚市場は、ひっそりと人影もない。港の岸にも干されたヒジキがあふれている。小舟が一艘港を出ていく。静かな海面に白い航跡がひと筋、長く尾を引いては消えた。

二〇一五年夏の海女漁は

一一月の上旬、西井正子さんに会った。三度目である。平日であったためか、都合よく乗り継ぐバスの便がない。約束した時刻より遅れることを、電話で連絡した。七時三七分に出る水産高校行きのバスに乗った。四〇分ほどバスに揺られ、和具東という停留所で降りた。バスは高校の生徒を乗せて、旧志摩町役場の手前の道を右に折れて、ゆるい坂を登って行った。そこから歩こうという段取りである。たびたび通った道であるから、おおよその距離感が頭に入っている。少しでも早く着かなければ西井さんを待たせる、そんな思いが早足になる。秋の陽射しがまぶしいくらいだ。和具の街中を通った。

六つほどのバス停留所を通り過ぎた。高岡(たかおか)というゆるい坂道を歩いていく。眼前に越賀の海が見える。もうすぐである。ここまで休まずに歩いて三〇分である。越賀神社を右に見上げてしばらく歩いた。堤防すぐの脇に海女小屋が建っている。歩き始めて三五分で到着した。正子さんは私を待つ間、小屋のまわりのごみを掃いていた。

漁を終えた海女小屋はひっそりとしている。仕事をすませたあと、たらいで湯浴みをする場所に腰を降ろして向き合って話を聴いた。

「今年(二〇一五)の夏は、去年に比べると潜いた日が大分少ないですわ。三月から九月まで、四七日です。去年は六四日でしたで、一七日も少ない。台風が何度も来て波が高いで磯止め、という日が多かったんです。それに八月になってヘルペスを患いましてな」

帯状疱疹で苦しんだ話が少し続く。頭に発疹が出て、右まぶたのまわりまで痛かったと話した。今も目のまわりがちくちくと痛むときがあると言う。

「小屋は今年も三人の海女が使いました。いちばん年上が七九歳、次いで私が七五歳、あと一人が七二歳です。三人とももう年です。小屋も古いしな。

年々とるものが減ってきています。海女の人数も減ってきているのに、一人のとる分はうんと少ない。一〇年ぐらい前までは、一日で二万、三万という水揚げの日がようけあったんです。それが今年なんか、船頭さんに乗り賃二〇〇〇円出すと、あと二〇〇〇円しか残らん。恥かしいぐらいの日が毎日でしたわ。

サッパという乗り合わせの船で潜きに出ますが、私らの組は七人か八人ぐらい。日によって海女五、六人のときもあるけどな。乗り賃は毎月一五日と月末には払います。一五日間で三日行っとったら、その分六〇〇〇円払うわけです。昔からずっと乗っとる海女さんなんかは、わしらそんなに払う金ないわれ、と言うとるようやけど、私らは日数も少ないし僅かですで、毎月きちんと払います。

この前も言いましたけど、桑名の娘で、まだ二十過ぎの娘さんが、夏の漁のときだけ来て海女の仕事しています。今年の夏も来ました。冬は桑名で別の仕事をしとるらしいですわ。若いだけに体力もあるし、仕事は上手な人ですけど、潜って行ってもこれだけとるものがおらんとどうにもならんですやろ。貝さえおったらええ稼ぎするやろけどな。海女を続けて行くのがええんか、いつも言うてやるんですけど、本人は好きなんやろか、笑ろとるだけですわ。いい娘さんです。夏のときだけ、一軒家借りて海女漁するんです。

私はやりませんけど、一二月末ごろからナマコとりに行く海女もおります。でも二、三人やろか。英虞湾の浦の方に行くとナマコがおるでな。山越えていくと、あちらにも船着場があって、そこから漁に出ます。あんたもおかずだけでもとったら、と声掛けて誘ってくれますけど、私は夏だけの海女や、と言うて行かんのです。行った海女の話やと、ヘドロがたまっとって、泥水のようや、と言うとります。

今年はヒジキがようとれて、おかげさんで一七、八万円の勘定がありました。六、七年乗っただけやのに、単車が急に悪うなって、新しいのに買い替えるのに、ヒジキ代が入って助かりました。ヒジキの稼ぎで単車が買えました。働けることはありがたいし、それも磯があるおかげですわ。

そやけどヒジキは採って来てからが手間かかって、骨の折れる仕事でな。何でもそうですけど楽して金儲けはできません。ごみを取り除いて、根元の葉のついとらん部分をみんなちぎって、ひろげて干して乾燥したのを袋につめて出荷します。越賀はもう魚市場もないで和具まで運ばんならんしな。

磯で刈り取ったのを網に入れて運ぶんですが、これが重たい。磯から引きずって来ないかんしな。父さんも手伝うてくれるんですが、もう八二歳で、引っ張ると、ハーハー言うとるんです。

私がヒジキ採りを始めたのは、先輩の海女の松井百合子（まついゆりこ）さんに言われたからです。この人は越賀いちばんの海女さんでした。いつか、正子さんよヒジキを刈りない、と勧めてくれましてな。海女なら誰でもできる仕事や、体動かすの惜しまんと働けば金になる、と教えてくれたんですわ。この人も

二、三年前まで元気で観光海女小屋で働いていたんですけど、今は仕事をやめて、老人車を押しているようです。

今、この前志摩の海女ならみんなそうやろと思うんですが、アワビをとろうとは思いません。思たところでおらんのですでな。もう今はサザエ専門、と言ってよいのです。以前はアワビがとれて、サザエを拾う人なんかおらんだ、と言うても間違いやなかった。それが今は、アワビ一つとれたら、それこそ海の底で宝物拾ろた気持ちです。それほどとれんのです。

サザエは重さが六〇グラム以上ということになっています。それ以下は再放流です。とった中に、五八グラム、五九グラムというようなのもあります。みんな馴れで目計りで分かります。それでも出荷するとき、小っさいのが入っとる、と言われると、ごまかしたようで嫌やで、すれすれやな、と思うのは、気前よう初めからはねておきます。一応は寸棒は持っていますけど、そこは馴れで分かります。

私は地元の越賀中学校を卒業して、すぐ真珠養殖の仕事をしました。地元にいる者は誰でも青年団に入り、いろいろ活動することが当たり前というのが当時のしきたりでした。真珠養殖がさかんなころでしたから、大半の女の子はその仕事をしたんです。高校へ進学する人は少なかったですな。私の家は、兄が手広ろう真珠養殖をやっていましたから、自然にそれを手伝うということで、中学校出てすぐその仕事に就きました。見よう見真似で核入れの仕事もできるようになりましたが、昭和四一年の真珠不況で、このまま続けるよりは海女の方が身入りがええやろ、と決心したんです。

真珠養殖の仕事では身内やでボーナスも貰えんしね。そやけど出稼ぎには行きませんでした。越賀の若い女の人らは、静岡のみかんの缶詰工場へ働きに行った人が大勢おったですわ。私なんかも、他所へ行って働いてみたいと思うこともありましたけど、とうとう行かず仕舞い。この越賀で一生を終えるんでしょうな」

西井正子さんは昼からはほかの仕事があると言い、単車に乗って去って行った。海女小屋の横の堤防を歩く。下を覗くと、夏湯浴みしたブリキのたらいが、三つ四つ底を上にして並べられていた。秋の陽がそれらに当たって銀色に光った。

〈註〉 西井正子さんの二〇一五年夏の出漁日数は次の通りである。
三月、五日、四月、四日、五月、一一日、六月、一四日、七月、八日、八月、三日、九月、二日、合計四七日である。

7　雨の降る海女小屋で

志摩市志摩町御座
二〇一五・三・一
柴原満喜子（しばはらまきこ）さん

白浜近くの海女小屋で

その日は朝から激しく雨が降った。バスの客は私一人。雨足が強い。前志摩（さきしま）の岸辺の道を走る。海女小屋が分かりにくいからと海女さんは軽トラックを止め、バス停留所で待ってくれていた。柴原満喜子さんである。御座（ござ）では若手に入る海女のひとりである。

軽トラック一台がやっと通れるぐらいの狭い道をしばらく走った。海水浴場で知られる御座白浜の長い堤防へ出る。その下に海女小屋があった。庭には暖をとるときに焚く薪がうずたかく、それもきちんと積みあげられている。春先の強い雨が降り注ぐ。きれいな職場という感じがする。

柴原さんが海女小屋の戸を押す。砂利を敷いた三和土（たたき）の庭がある。その奥にいろりを真ん中して狭い座敷があった。

「きれいに整頓されていますな」

これが初対面の挨拶である。私は窓際に座った。

「この小屋は、姑（しゅうとめ）が使っていたのを、私が海女をするようになって、仕事を交替したということもあって、自然に受け継いだんです。休む場所はたたみ三畳敷きぐらいの狭い部屋ですけど、私ひとり使うだけなら大丈夫、広いぐらいなんです。気楽に使（つこ）ています」

いろりには火はない。焚きましょうか、と言ったが、すぐ帰るし、火の用心がいちばん大事、いいですよ、と断った。

「私は一九五八（昭和三三）年生まれです。越賀で生まれ、御座の人といっしょになりました。海女になったのは、三二歳のときです。当時、越賀に電気器具の組立工場があり、そこで働いておりました。縁あって御座の人と結婚して、一応、子育てが終わったところで海女になったんです。そやで、根っからの御座の海女ではないんです。片田（かただ）で海女仕事をしている友達が、海女の方が収入になるでやったらと勧めてくれました。越賀生まれですから、子どものころから海で泳ぐことには慣れていましたで、海女仕事をすることについては、何の抵抗も無くて、すぐ海に入ることができました。潜り始めて二三年になります。中年からの海女ですから、まだまだ初心者だと自分では思っているんですけど。

初めは、徒人（かちど）と言われる、磯の近くまで単車で走って、そこから泳いで潜るやり方の海女でした。今は、夫婦で行く船に乗せて貰って漁場へ行って、潜（かず）きをします。ですから、二人で海に出ます。こ

御座の海女小屋で話す柴原満喜子さん

きちんと整頓された海女漁の道具

の方法を、御座では、サッパと言っています。いっしょに漁に出る夫婦はともども潜ります。

普通、志摩あたりでは、夫婦がひと組になって海女漁をするのは、船人と言いまして、旦那は船の上で女房の体に付けた命綱をたぐって、海女の潜りを見守るんですが、最近は夫婦二人が潜くというやり方が増えてきています。越賀にもおりますし、大王(だいおう)の波切(なきり)にもいる、と聞いています。

私は船人の船に乗せて貰いますので、一日二〇〇〇円を船頭に払います。これは漁があってもなくても、潜いた日は必ず払うという約束になっています。私は主にクロアワビをとるようにしていますので、深い海域の磯ではなく、岸に近い二、三メートルぐらいの浅い所の磯で仕事をします。白っぽいメガイアワビは、その先の深い場所にいます。

一般には、クロアワビの方がメガイアワビより値が高いんです。高い方が浅い所にいます。それが近年、急に減ってきました。とりすぎと言われますけど、私らは寸法もきちんと守って、たとえ一ミリでも小さければ、海に戻すという、昔からの決めは守っているんです。稚貝の放流もするんですが増えません。増えるどころか減るいっぽうです。逆に考えてみますと、私たちの生活排水なんかが海へ流されれば、いちばん早く影響を受けるのが、陸に近い所にいるクロアワビということになります。とにかく磯が淋しくなりました。

御座は現在（二〇一五）、海女は大体一〇人ぐらいだと思います。いちばん若い海女が五四歳、次が私です。二、三年前まで二七歳の若い海女がいたんですが、今はやめています。これから若い海女、つまり後継者が出現するかどうか、可能性はゼロに近いのと違いますか。これだけとれるものがないと、いい仕事やであんたもやんない、とは言われませんでね。どこの地区もそうやと思いますが、いわゆる高齢化ですよ。

海女漁の水揚げは年々減ってきています。近ごろは、アワビ五つもとったら多い方で、一日一〇個もとったら、それこそ大漁ですよ。そんなのは稀です。出漁日は年間大体九〇日ぐらいですが、去年（二〇一四）は前年に比べて、一〇〇万円ほど水揚げが減りました。技量では何ら変わっていないわけですから、アワビに限らず、サザエなんかの根付資源が減ってきているのやろ、と思うんです。素人（しろうと）考えやと言えばそれまでですが、実際に潜った体験での実感です。

前志摩半島の外側の日和浜（ひよりはま）の前の磯の一部は、禁漁区です。特定の日以外は漁ができない磯です。それなのにアワビがいないんです。去年は口開け（解禁のこと）ができませんでした。こんなにアワビがとれんようになったのは、他所（よそ）から密漁に来る人がおって、それによる被害が大きいのやないか、と言っています。夜中にやってきて潜るんです。見張っている人もおらんしね。

私なんか技量の劣っていた海女になりたてのころの方が、今よりもうんとたくさん、それこそ一日でアワビを一〇キロもとった日が何日もあったんです。それを考えると、いかに資源が減ってしまったかが分かります。

御座では、二月二〇日からワカメ採りが解禁になったのですが、温暖化の影響というんですやろか、生育が早いようです。今まででですと、三月一日からが口開けやったのですが、これからはうんと早くせんといかんやろ、と言っています。今年の春の磯の天然のワカメは非常に悪いです。伸びていても葉先の方に魚の卵のような粒々が付着していて、これでは売り物にならんと刈ってきた人らは嘆いています。

アワビ、サザエの解禁は越賀と同じで、三月一六日から九月一四日までです」

砂利を敷いた三和土の庭には、いつでも仕事に出られるようにと、浮き輪に磯のみのほか道具一式を装着して置いてある。イセエビを挟む、独特の形をしたはさみに、魚を突く魚杈（ひし）も浮き輪にしばり付けられていた。魚が泳いでいるのを見ると、素早く魚杈で突くのだそうだが、このとり方では魚に傷がついてしまうので、突き刺してとった魚は、もっぱら自家用です、と柴原さんは笑う。五〇歳なかばとは思えない、若々しい海女さんであった。

帰りぎわ、古くなって使わなくなった磯のみがあったら一挺欲しいのだが、と所望したら、柴原さんは気さくに、いいですよ、これはどうです、と小ぶりのものを私に手渡してくれた。磯のみは大中小と三種類あって、それぞれを使い分ける。トコブシをとるのは形が少し違う。柴原さんは先の曲がっている部分が細長い、紀伊長島で作られたノミを使っている。

手渡してくれた一挺は錆（さび）ついていたが、今は大半がステンレス製である。海の中で落としても見つけやすいしね、と柴原さんは話す。その話しぶりはどこまでも明るく、すがすがしい感じの海女さんであった。

8　阿吽の呼吸で命綱引く

志摩市志摩町御座
二〇一五・一一・二八
森田菊弘さん
満代さん

船人は減り、とる物も減り

一一月二八日、すでに風は冷たく志摩路も冬の気配、志摩町の各集落を結んで走る路線バスは、僅かな人を乗せているだけであった。その客も途中で一人降り、二人降りして、御座港までのバスは和具からは私ひとりとなった。越賀を過ぎてひとしきり山の中をバスは走り、終着の御座港をめざす。運転手は気をきかせて、どこまで行きますか、と訊く。終点の御座港までと、後ろの座席から声を出した。

御座港でバスを降りた。がらんとした広場がある。かつては浜島港との間にフェリーボートが通い、海の国道二六〇号線と称された時代、賑わいの絶えぬ港であったが、さびれようがひどい。フェリーボートが発着した岸壁が無惨に残されている。広場の北側に海女小屋が建っている。そこで森田さんご夫妻が私を待ってくれていた。

船人で海女漁をする人を探していたところ、御座に住む古くからの知人が、船人の夫婦が近所にいるから、と森田さん二人を紹介してくれたのである。知人の慫慂（しょうよう）のおかげで、森田さん二人に会うことが出来た。菊弘さんと満代さんである。菊弘さんは海女漁が終わったあと、一〇月なかばからは大敷（おおしき）（定置網）の仕事に変わる。土曜日が休漁日であるので、来るのなら土曜日に、との話であった。

南向きの海女小屋に初冬の陽射しが当たっている。陽だまりのような所に腰をおろして二人から話を聴いた。

「きょうは土曜日で海の仕事は休み、その間に来年の薪を運びました。鵜方から毎年一年分の薪を買（こ）うて、小屋の横にある薪置場へ積んでおきます」

菊弘さんはトラックから降ろした薪の横で、このように話した。薪はウバメガシなどの雑木で、一メートルほどの長さである。それを短く三等分ぐらいの長さに伐（き）って、夏の漁に備えるのである。訪ねた日の午前中は鵜方からの運搬に費やし、一服したところに、私を乗せたバスが着いたのだ、ということであった。

黒い屋根の海女小屋はがっちりとして、堂々とした構えである。長屋風の小屋で四つに分かれている。南向きの建物のいちばん西、つまり向かって左はしが森田さんの小屋、これを満代さんが一人で

森田さんたちが使っている海女小屋。
４部屋に区切られており、森田さんは向かっていちばん左を使っている

使っている。次の右側はサッパで漁に出る海女（一艘の船に乗り合わせて沖に出る海女）三人とその船頭（とまいさんと呼ぶ）の四人、次の三番目の小屋は男の海士一人で使い、いちばん右側の東はしは夫婦二人が使っている、と菊代さんが教えた。しかし、この夫婦は船人ではなく、二人とも潜く人たちで、今年（二〇一五）はほとんど使わなかったらしい。満代さんは「ふねど」と言った。「船人」も所によっては「ふなど」であり、御座では「ふねど」と呼ぶ。違いを確認したら、旦那の菊弘さんは、「ふなど」という人もいるし、いろいろだ、と満代さんの言葉に付け加えた。

四軒長屋の海女小屋は煙抜きもある屋根で、すっきりとした感じである。森田さんの所は冬は海女漁に出ない。つまり、ナマコとりなどはしないので、小屋の中はすっかり片づけられ、清潔そのもの。正方形の三和土（たたき）の中央に、直径一メートルほどの丸いいろりがある。海女漁をするときの道具いっさい、ウエットスーツも含め、すべて自宅の納屋に置いてあるとの話であった。

　次は満代さんの話である。

「私は昭和二五（一九五〇）年の生まれ、主人は昭和一九（一九四四）年生まれ、六つ違いです。二人共ここ御座で生まれました。私の家は六代前からずっと船人で海女漁をしてきた、と言われています。私は高校を卒業して、和具にあった前（さき）志摩病院、今は診療所になっていますけど、あそこで看護助手の仕事をしました。二年ぐらいして、結婚しました。二十（はたち）のときでした。主人は建具屋の職人でしたので、私もその仕事の手伝いをしていました。

　海女になったのは三〇歳のときです。途中からの海女ですが、すでに三五年がたっています。どこでもそうですが、海女を始めた二年ぐらいは稽古海女と言われ、二年のうちに海女の技術など、おおよそのことを身につけます。稽古海女のあと、七年ぐらいはサッパと言いまして、何人かの海女がいっしょに一艘の船に乗り合わせて漁に出ました。ふねを動かすのがとまいさん、つまり船頭です。主人と二人で船人でやるようになって、かれこれ二五年ぐらいになります」

「御座も以前は大勢の海女がおりましたが、今は女より男の方が多いでしょう。海女が八人ぐらい、男の海士が一二人ぐらい、約二〇人で海女漁をしていて、この中には冬、ナマコとりをする人もいます。私のところは、今年は五〇日の出漁しかなかったですが、多い人でも八〇日ぐらいです。少々波があっても、男の海士は一人で出る人もいますが、私らはそんな日は避けて、無理をせんように気をつけておるんです。

私らが船人を始めた二五年ぐらい前でも、平成の初めごろはまだ貝も今よりはうんとたくさんとれました。それでも、あんたらちょっと遅かったな、とよく言われたもんです。昭和五、六〇年ごろは、よくとれた上に、値も良く、ひと夏で船人二人で一〇〇〇万円稼いだ組がいくらでもあったと言われています。

今は日数も少ないですが、とる物がうんと減りましたから、一日平均三万円ぐらい、ひと夏で一五〇万円、これが正直なところの私らの稼ぎ。クロアワビが一キロ当たり八〇〇〇円ぐらい、シロアワビは四、五〇〇〇円と安いです。値のいいクロアワビは近年全くとれんようになって、私らがとるのは、ほとんどシロアワビばっか。あとサザエですが、これは今年の相場は四〇〇円ぐらいから高いときで八〇〇円ぐらいでした。御座はサザエは五〇グラム以上という決まりになっていて、そのすれすれぐらいのものは、市場で一個ずつ、計量して、小さいものは、再放流しますが、御座の場合は魚市場の水槽に集めておいて、それを一括放流しています。

御座は前志摩半島の突端の黒森のまわり、それに越賀寄りの岩井崎(いわいさき)から矢摺島(やずりじま)にかけていい漁場がありますから、割合に漁場は広いんです。それに比べると東隣の越賀は、和具と御座の両方から挟まれて、三角形のような漁場で狭いです。私らは主に矢摺島のまわりから、その沖で漁をすることが多いです。矢摺島の沖は割合水深が浅く、それがずっと沖まで伸びています。いい漁場、宝の海です。

最近は、黒森と矢摺島の間の磯で、マダカアワビがようとれるようになってきています。それほど

次の年の夏磯のための薪が積まれている

夏の海女漁が終わり、きれいに片づけられた海女小屋。
中央は火場と言われるいろり

大きいのではないですが、シロに混じってとれるようになりました。マダカは貝の形はシロに似て平べったいですが、呼水孔がぐっと突き出たような形をしているので、シロとは区別ができます。マダカはクロに負けんだけの味があるんですが、市場ではシロと同等でクロより値がうんと安い、それを区別して買うてくれと言うとるんですが、今のところ、組合の方はうんとは言わんようです」

船頭の菊弘さんはこのように語った。

話を聴く海女小屋の庭にアワビの貝殻が三つ、捨てられたように置かれていた。これを欲しいと所望したら、どうぞ、と言う。満代さんがビニール袋を小屋の棚から持って来てくれて、それに入れた。貝殻は大きい。入れる前、菊弘さんがその一つを持ち、私にさし示す。

「これはマダカですよ。呼水孔が大っきいですやろ。こんなのがちょくちょくとれるんです」

菊弘さんのこの説明に続けるように、満代さんは、別の貝殻を私に見せた。真珠層の一部にアズキ粒ほどの黒い点々がある。

「こんな貝は老貝で、すぐはがれますわ」

「寄生虫で弱っていたんでしょうか」

私がこのように相槌を打った。次も満代さんの話である。

「アワビは減るばっかりでね。今年なんかもサザエが主で、ときたまアワビに出会うだけですわ。始めたころは、一つ見つけると、近くに二つや三つはおったんですけど、今は一つ見つけるのがやっとです。私はそう息が長い方やないんです。そやで、おらんとわかると、すぐ揚がってきて、また潜るというやり方で、五分の間に二回潜ることもあります。私らより一代前の海女は岩の間の所へ手を伸ばして、さっとなでるようにすると、ずらっとアワビがひっついとった、とよく聞いたことがありましたけど、今は夢のようなことですわ。もう六五歳でだんだん体力がのうなってきたで、あんまり深いところは潜らんようにしとるんです。五尋（ひろ）か六尋ぐらいまでです。始めた当時は、一五、六メートル（約一〇尋）ぐらいまで潜ったですけどな」

船人は夫の船頭が船上で海女の命綱を持ち、妻の海女が潜るのを見守る。これが典型的なやり方だが、時には夫婦でない組もある。志摩地域では、他人同士という組み合わせはほとんど見られず、あっても血縁関係のペアが一般である。この昔からの伝統的な夫婦一組の船人が非常に少なくなり、最近は旧志摩町全域五つの漁業集落で、一〇艘前後だろうというのが、森田さんの話であった。

森田さん夫婦の船人は、ハイカラ潜りである。動力の滑車を使って海女の潜水を省力化している。これが船人の一般的な漁法である。海女は重（おも）り、これを満代さんは分銅（ふんどう）と言っていたが、綱に付けたのを持って素早く潜っていく。滑車を磯車（いそぐるま）という所もある。海女は腰に太い綱を二重に巻いて、正面で蝶結びにする。いざというとき、すぐほどくことができるように結び目は大事なものなのである。綱は体に馴染むように木綿の綱である。それへ命綱を腰の横の所に結びつけて潜水する。作業が終わって揚がるとき、それを引っ張る。それが船上にいる船頭への合図である。船頭はその綱の手応えによって、命綱を滑車にかけて、動力で海女の浮上を助ける。一気に引き揚げては、かえって潜水病などになるおそれがあるから、単純な作業でも気を抜けない。

海女小屋の前でハイカラ潜りを説明する森田菊弘さん、満代さん夫妻

「動力で引き揚げますで、体は楽になりましたが、どこで止めるか、そのあたりは微妙です。綱の引き揚げは阿吽の呼吸というやつでね。どれぐらいの速さでとかは、なかなか説明がつかんのです。その日の潮の流れにもよるしね。海女の頭が船底にぶつからんように気を使て、いちばんいい場所に揚がるように引くわけです。

ハイカラ潜りでも船を前の方へ進めながらやる方法もありますが、私は船をバックさせてするやり方です。舵をバックの方へ変更して櫓を漕いで、潜る位置を決めるわけです。

命綱もどれぐらいの引っ張りにするか、その日の加減でね。あんまりぴんと張っていると、海女の合図が分かりにくいし、それはたるみすぎでも同じことが言えるわけです。ちょうどいい加減、これがどれくらいのたるみか、説明がしにくいですわ。じっと船の上で海の底を覗いておりますやろ、そんなとき、とき折り、命綱がぴくっと動くのがわかります。揚げてくれという合図ではないんです。あ、今、アワビとったな、というのが、その綱のかすかな反応で分かります。そんなとき、家内はいつもアワビを摑んで揚がってきますわ。これなんか、夫婦の無言の合図というものですやろ」

「滑車を使て揚げて貰います。船のこべり（船の舷側）に体を休めるはしごが取りつけてありますから、こべりへ両手を掛け、そのはしごに足を乗せて、海中で体を休めるんです。そして一服してまた潜るという作業を繰り返します」

このように話しながら、あり合わせの綱で腰紐を結ぶ方法を示し、この腰の横へ命綱を結ぶ、と説明してくれた。菊弘さんは次のように話す。

「ほかの磯でもそうですが、毎年、何千個というアワビの稚貝を放流するんですが、それが成長したという貝を一つも見かけんのです。うちの家内だけでなく、ほかの海女もみなそれを言うています。人工で採卵して水槽で育てた稚貝が磯に放流されると、そのあとアワビは自然の中で育ちますから、それまでの貝殻の色と磯で成長して大きくなった貝の部分は色が違いますから、見ればすぐわかります。放流されて磯で大きくなったアワビがゼロに近いと言ってよいほど少ないのです。磯を何とかせんといかんのでしょうけどな。

こんな心配の中で、男の潜りはどうも決めを守らん人が多いようです。休漁できょうは磯止めというのが分かっていても一人で出かける。船外機で行ってこっそり潜るわけです。寸足らずという規格外はとらんとしても約束違反です。御座ではないんですが、ある地区へ行くと、海士の評判が非常に悪い。中には夫婦で行って、二人で潜る。休漁日にそれをされてはしめしがつかん、と不満たらたらの地区もあると聞きましたな。そんな約束を破ってまでしてとった海士の貝は、一段安い値段で引き取ったらどうや、という意見もあるらしい。しかし、海士にも真面目(まじめ)にきちんと漁をする人もおりますで、十把ひとからげにもできんやろしね。むつかしいことです。

漁協が合併して、各単協が支所になった。監視の目が緩くなったというか、指導力が弱くなったということも関係しとると思いますよ」

海女小屋の裏へ回った。狭い庭であるが、きれいに片づけられている。一つの小屋に一つずつ、水道の栓が取りつけられている。ここで水を掛けて、潮の体を洗うのだろう。一カ所、大きな洞穴があった。戸で閉められている。森田さんが戸を開けた。太いパイプに水が流れ海に注いでいた。下水ですか、と訊けば海女小屋の横の海産物を商う店の水槽の海水であるという。貝を活かしておくために、海水を汲みあげ循環させているのだと納得できた。

菊弘さんの母も上手な海女で、若いときは紀州の長島まで潜きの仕事で出かけたという。

「あちらの若い衆と好きな間柄になって、親父を熊野から連れてきたんですわ」

こんな昔話を最後に、森田さん夫婦と別れた。海女小屋の前の庭はバスが一台止まっているだけである。港には漁船が明日の出漁を待っている。人気の少ない波止場に、木俣修の大きな歌碑が、初冬の西陽を受けて黒く光っていた。

〈註〉文中の会話の中で、シロというのは、メガイアワビのこと。身、足の裏が淡褐色をしているので、シロ、またはアカと呼ばれている。クロアワビに比べ値段は安い。最近の前志摩のアワビは、このシロ、つまりメガイアワビが主流を占めるようになってきた。

マダカアワビはアワビ類の中ではいちばん大きくなる。身の色はメガイアワビに似ているので、クロアワビに比べ値段は少し安い。深い海域に生息している。かつては千葉の外房御宿の海でよくとれたし、神奈川県城ケ島もマダカアワビの好漁場である。

クロはクロアワビのことで身の表面は黒みがかった青緑色で、アワビの中ではいちばん高価である。水深の浅い磯に生息しているが、最近は急減してきている。

9 ぼた餅を供える海女の里

鳥羽市石鏡町
二〇一六・四・四
二〇一六・五・一六
宮本(みやもと)佐一(さいち)さん
宮本ゑ美子(みこ)さん
山本(やまもと)きさ子(こ)さん

海女五人の話

「来るんでしたら四月四日がいいですよ。海女さんたちがその日、『折り合わせ』という行事をやります。そのとき海女さんを紹介しますから、話を聴いたらどうですか」

鳥羽磯部漁業協同組合石鏡(いじか)支所の岡山支所長さんへ、海女の出稼ぎのことで聴き取りをしたいが、と電話で都合を尋ねたときの返事である。何時ごろから始まるのか、と聞けば、「毎年、午後一時半ごろからです。開始は何時からときちっと決まっとらんですから、それぐらいの時刻までに来ておれば、ご覧になれます。そのあとで、海女の幹部何人かが事務所で休むと思うから、そのとき、会ったらどうでしょう」

突然の電話であったのに、岡山さんは快く私の相談に乗ってくれた。

四月四日、鳥羽バスセンターで一二時一七分発の石鏡港行きのバスに乗った。清明（せいめい）の日の午後である。雨もよいの日、石鏡の港へと続く下り道の万朶（ばんだ）のさくらは、命いっぱいに春の盛りを告げていた。バスの終点は、漁協支所の玄関前である。乗客は私ひとり、五〇〇円玉一つを料金箱に入れて、バスを降りた。折り合わせの会場は、漁協支所ののり集荷場の中、入り口すぐの所に、急拵（ごしら）えの祭壇が出来ている。新聞記者や写真家などが思い思いに、祭壇の前で海女の仕草をカメラで追っている。居合わせた新聞記者や写真家は顔見知りの人たちであった。

折り合わせは海女漁の里、石鏡町に一二五年以上も前から続いている、珍しい行事である。海女が家で作ったぼた餅を、八大龍神と書かれた掛け軸の前に拵えた祭壇に供える祈りの行事と言えばよいだろう。

半搗（はんつ）きのご飯を丸め、その上にあずき餡（あん）をつけたぼた餅二つを、小ぶりの白木の膳に並べて、会場であるのり集荷場へやって来る。膳には御神酒（おみき）の入った銚子もいっしょだ。わら筵（むしろ）の上には、大きな丼と膳が置かれていて、海女は跪（ひざまず）いて、丼へ少しだけ御神酒を注ぐ。膳にはひと番（つがい）の大きなアワビが供えられている。小さいシロアワビ（メガイアワビ）と、やや大ぶりのクロアワビである。これら二つを、雌雄一対と見てのことであろう。膳のまわりには、黒い小石が無造作に散らされている。

浜に見立てたものであろうか。

御神酒を注いだあと、続いてぼた餅を箸で少しつまんで小石の上に供え、アワビの貝を掌で摩るようにしたあと、のみ（アワビをはがす金具）で、アワビを引っくり返し、終わりに膳の端をのみで軽く叩いて、お祈りをする。

海女の頭には、折りたたんだ紙切れが結ばれている。地元の圓照寺のお札である。お札は美濃紙で、海上安全、大漁満足などの言葉が刷られたものである。髪の上にちょこんと結ばれているお札は、リボンを着けたようでもあり、ゆかしい風情だ。町中の海女約六〇人が三三五五と集まって来ては、アワビに触り、掛け軸を拝んで帰って行った。

折り合わせは、海女全員が集まって祈禱をするという厳かな行事ではない。銘々が供え物をして、幹部の海女とひと言ふた言、立ち話をして帰って行くという、至って簡単でざっくばらんな催しである。

行事の後片づけをするのは、五人の海女さんたちで、五人は海女組合の代表というか、石鏡町の海女全員から選ばれた幹部である。手早くあっという間に祭壇は片づけられた。掛け軸は古くから伝わる木箱に納められた。こちらは男の受け持ちである。

石鏡には海士（男の素潜り漁師のこと）はいない。海女だけが潜くアワビの里である。いわば純粋な海女漁の里と言える。それでも海女の数は年々減少し、二〇一四年では五九名、二年前の一二年より、一六名減った。年齢も六〇歳代、七〇歳代だけである。老齢化は海女漁の世界でも避けられない

仮設の祭壇。折り合わせでは、膳のまわりに散らばる丸石の上に、思い思いにぼた餅を箸でつまんで供える。上の丼に御神酒を注ぐ

折り合わせのとき配られる石鏡町圓照寺のお札

折り合わせの行事のとき集まってくる海女。頭に圓照寺のお札を三つ折りにして髪につけている

折り合わせのとき供えられるひと番（つがい）のアワビ

現象となっている。海女漁に従事する人というのは、口開け（解禁のこと）日数の半分以上従事した人を一名として算入している。従事日数は、夏磯（五／九〜九／一二）が四四日、冬磯（一〇／一五〜一二／二四）が三七日、一日の操業時間は二時間と厳しく決められている。

漁獲量も年によってまちまちだ。表1で分かるように、二〇一一（平成二三）年はアワビの水揚げが極端に少ない。入札価格もその年の景気など幾つかの要因に左右され、どちらも不安定である。

「去年（二〇一五）はな、黒と赤と一キロで三〇〇〇円違ごたな（違った）。黒の方が三〇〇〇円値が良かった。黒で一キロ九〇〇〇円から一万円したでな。赤は六か七ぐらいやったやろ」

折り合わせの行事の後片づけがすんで、ひと休みしている席へ入って行って、五人の幹部の海女さんたちから聞いた、去年のアワビの相場である。ここで言っている黒とは、アワビの最高級品であるクロアワビのことで、赤は少し安いメガイアワビのことである。地域によってはシロと言っている所もある。六か七、というのは、六〇〇〇円か七〇〇〇円というのを省略して話しているのである。

「石鏡は海士は昔からおらん所やし、磯が広いし、ええ漁場があちこちにあってな。ただ若い人がおらんのが淋しいですわ」

今年（二〇一六）の一月に私が伊豆諸島の新島（にいじま）へ行った折り、石鏡から出稼ぎに来て、島の人と結婚し、今も元気に島暮らしをしている、かつての石鏡の海女さん四人に会って、出稼ぎのいきさつや体験を聞かせて貰ったことを話したら、五人の海女はみな出稼ぎの経験があると言う。一人は次のように思い出を語った。

「ここの海女はみんなどこかへは行ったでな。私らも行った。熱海の前の初島へ二〇人ぐらいでテングサ採りに行ったこともあるしな。陸の稲刈りの仕事にも雇われて行きましたわ。二見あたりの家やったけど、追い廻わされるようにして稲刈りしました。元気な若い衆がおって、後になり先になるようにして、私らを追い廻わすんですわ。あれは、えらい（きつい）仕事やったな」

「あんたが新島で会うたという人は、私より二つ年上ですわ。私が昭和一七年生まれやでね。里中という人が石鏡の何人かを連れて行ったと聞いています」

別の人は次のように語る。

「初島へ行った人もいるし、伊豆半島の西伊豆へ行った人もいる。私は土肥の小下田という所やった。沼津から東海汽船の船で行きましたわ。テングサ採りやった。石鏡の海女は誰でも出稼ぎに行くの

表１　鳥羽市石鏡町のアワビ・サザエ等の水揚げ量と海女数の推移

単位 kg 千円

区分			年（1/1～12/31） 2010年		2011年		2012年		2013年	
			水揚高	金額	水揚高	金額	水揚高	金額	水揚高	金額
夏磯	アワビ	クロ	1,316	9,697	592	6,162	1,575	13,783	3,426	23,156
		アカ	2,166	10,986	532	3,893	1,394	8.059	2,124	11,571
	サザエ		183	112			450	286	681	414
	トコブシ		2.199	4,375	1,061	2,262	1,083	2,630	1.024	2,281
冬磯	サザエ		26,168	18,934	39,407	23,361	28,376	22,665	29,258	22,018

年齢階層別海女数の推移

単位 人

	2010年	2011年	2012年	2013年	2014年
50代	3	3	2		
60代	46	41	33	30	23
70代以上	36	37	40	28	36
計	85	81	75	58	59

（石鏡支所の資料から作成）

が、当時は当たり前のことやったでね。そやけど、私らの年齢が最後で、昭和二四、五年生まれぐらいからは、行かんようになったと思います」

今、石鏡町の海女頭である宮本ゑ美子さんも自分の体験を次のように話した。

「出稼ぎは四月から一〇月まで。大半の海女が独身のときです。娘らはみな出稼ぎに出たんですよ。石鏡で海女漁をしたのは、世帯持ちの人らだけですわ。娘のときはみんな出稼ぎに行きました。夏は、石鏡には若い娘はひとりもおらん、と言われたですよ。私も、熱海の沖の初島へ三年、テングサ採りに行ったですわ。私よりうんと年上の人で、石鏡から出稼ぎに行って、初島の人といっしょになった人がいました。その人と私は親類で、かんさんと言う人やったけど、島で大根を作っておって、私は仕事の休みの日は、かんさんの大根畑へ手伝いに行ったですわ」

かんさんに会ったことがある、と言ったら、

「二、三年前に亡(の)うなったです」

ゑ美子さんはこのように告げた。

五人の海女は、宮本ゑ美子さん、三谷(みたに)きよゑさん、河村(かわむら)かつ子さん、里中利子(さとなかとしこ)さん、細木(ほそき)やす子さんである。その中でゑ美子さんは、自分ひとりで浜まで行って潜(かず)く、桶人(おけど)と言われる海女。あとの四人は、徒人(かちど)と言われる、何人かが一艘の船に乗り合わせて漁場まで行って潜く海女である。ゑ美子さんが一九四二（昭和一七）年生まれ、あとは、戦後間もなくに生まれた人たちである。

「黒は浅い所の磯におります。そやで私ら(わし)は、そこを狙い撃ちするように潜って行って、ぽかっと口

開けたようになっとる穴へ、ぐっと体を入れてアワビをとるんです。私は横になってしか入ることができんけど。海女の中には、体を仰向け（あおむ）にして入って行く人もいます。入って行って、そっと手で触って、一気に貝をはがすんです」

　こんな弾んだ、たくましい限りの話を聞かせてくれたのは、三谷きよゑさんである。

「今は、夫婦で海女漁をする船人の家は一軒もないし、徒人で出る海女が二四、五人ぐらい。この人らは、三ばい（三艘）の船のどれかに乗り合わせて行きます。そのほかは桶人で各自それぞれに浜まで行って、そこから泳いで潜ります」

　海女小屋は山を一つ越えた遠くの浜に建っている、と聞いた。

　折り合わせの行事をすませて休憩している、漁協支所の事務所の小部屋へ割り込んで行って、海女さん五人と話をしたのだったが、運よく、そこに、掛け軸を木箱に納めていた人もいっしょであった。四方山（よもやま）話の中で、伊豆諸島の新島へ行って、石鏡から海女漁に来て島の人と結婚して、今も元気な四人の女性に会った話をした。その人たちの名前を言ったら、みな知っている、と頷（うなず）く。

「新島で聞いたんですが、一つ南の式根島（しきねじま）へも、こちらの海女さんが出稼ぎに行った、ということでしたが、ご存知ありませんか」

「知っとる、私の家の隣の人やろと思う。向こうへ渡った人の名前と、式根島の相手の電話番号教えて貰（もろ）といたる。分かったら連絡しますわ。式根島へ渡った海女はうんと年上や」

　即決で約束してくれた宮本正蔵（しょうぞう）さんは、もちろん石鏡町の漁師さんである。話し言葉はぶっきら棒でも、心のやさしい人たちが暮らす漁村の典型が、石鏡町であろうか。

もう一度、石鏡町へ

折り合わせの行事について、もう少し詳しく知りたいと思った。正蔵さんに頼んでみようと電話をしたら、ゑ美子さんがいいだろう、都合のいい日はいつか、聞いてから連絡する、と言って電話は切れた。すぐ返事が来た。ゑ美子さん夫婦の作業小屋は、漁協支所のすぐ隣だと教えてくれた。指示された日、先日の四月四日と同じ時刻に出発するバスに乗った。折りよく小屋で会うことができた、そこは、旦那の宮本佐一さんがイセエビの刺網漁などのときに使う小屋で、その日、佐一さんは刺網の修繕をしていた。ゑ美子さんの姉の山本きさ子さんもやって来て、私たち三人の中に加わる。きさ子さんも石鏡切っての上手な海女であるらしい。

早速、きさ子さんから話を聴いた。

「私は昭和一四（一九三九）年の生まれ、石鏡で生まれて育って、中学おりてから（卒業してから）ずっと海女の仕事ひとすじです。『折り合わせ』という行事は、明治二二年にこの先の海で海難事故があって、船頭も海女も大勢が死んだらしいんです。その供養や、と家（うち）の婆さんに聞いたことがあります。棚橋（たなばし）という瀬があって、右から来る波と左から来る波がどんとぶつかる場所があるんです」

こんな話を聞いていると、私たちに背を向けて刺網を修理していた佐一さんが、網針（あばり）を置いて、私たち三人に加わり、次のように話した。

「大谷口（おおやぐち）という所で波が重なる。潮がぶつかり合う瀬があるんやな。着物を着たとき、右と左が重なることから折り合わせ、という言い方が生まれたんやろ。私（わし）もここの年寄りから、そう聞いたことがある。明治二二年やったか、大きな事故がこの先の磯であって、石鏡ではその日を日待ちにして、海で死んだ人の供養をするようになったのが始まり、と聞いたな」

　日待ちというのは、農村や漁村で何かの祈願の意味で仕事を休み宴会などをする日のこと。つまり休日のことである。この行事は、かつては別の場所でとり行ったらしい。そのことを訊（き）いた。

「組合の先に、天神山（てんじやま）という崖のような場所があって、以前は行き止まりでした。この組合の建物のすぐ向こう側です。昔は松がようけ生えとった所で、今は道ができて、圓照寺の方へ行く坂道になっとるけど、その坂の登りかけの所が崖になっていました。そこで行事をしたんです。以前は漁協の事務所もその横に建っていました。今の場所は浜を埋め立てて出来た所です。年によっては、その日雨やったりして天気が悪い日に当たると、組合の中でやりましたな。昔の場所は岩場で崖の下に網小屋が建っとって、その小屋の壁に八大龍神の軸を掛けました。

　以前は、男の人が全部取り仕切ったんです。浜役と言いましてな。女はなぶっては（さわっては）いかん、と言われました。準備なんかもすべて男の手でした。昭和六〇年ごろまでは、一切が男の役やったわけです。船人が多かったで、船頭さんが大勢いました。その中から浜役が選ばれて、行事すべてをやったんです。船人は一〇年ぐらい前から急に減ってしもて、今は一軒もありません」

　ゑ美子さんはこのように話してくれた。

潜き下りが行われたかつての場所に立って、
餅まきの説明をする海女宮本ゑ美子さん

石鏡漁港隣に建つ作業小屋で刺網の修繕をする宮本佐一さん

石鏡漁港の岸壁に立つ海女山本きさ子さん

先日見た、髪に結んでいた圓照寺のお札さんのことは、きさ子さんが次のように話す。

「あれは魔除けというか、呪いのようなもんや。昔は磯めがねの紐にしばったんです。お札を箸のようにくるくると縒って、木綿生地の袋に入れて首に下げておったですわ。ぼた餅の米粒をのりにして、船の柱なんかへ貼る漁師もありました。とにかく海女は身一つで潜るで、危険と背中合わせ、そんなことから、呪いのようなことを続けてきとるし、海女は誰でも信心深いです」

二月に似た行事がある。「潜き下り」と呼ばれている。このことについて尋ねてみた。

「あれは、堤防で餅撒きしてな。年寄りや子どもらが拾ろたけど、今はやらんようになってな。今は龍神さんに丸餅ひと重ね供えるだけでな。以前は角餅やったですわ。各自がそれを持ってきて供える。あとは役の人らが貰いよったんやけど、今は青峰山（あおのみねさん）へ持って行って焼いて食べます。一八日の正福寺（しょうふくじ）の御船祭りに参って行って、龍神さんのおさがりや、と言うて、みんなで食べるんですわ」

これはきさ子さんの説明である。

潜き下りについては、毎日新聞鳥羽通信部の記者林一茂（はやしかずしげ）さんの記事がある。次がその全文である。

> 海女漁の始まりを前に、鳥羽市石鏡町で16日、操業安全と大漁を祈願する「潜（かず）き下り」があり、地元の海女約80人が信仰する「八大龍神」に小豆ご飯などをささげた。
>
> 海女たちが毎年行っている伝統

表２　鳥羽市石鏡町における海女の作業暦

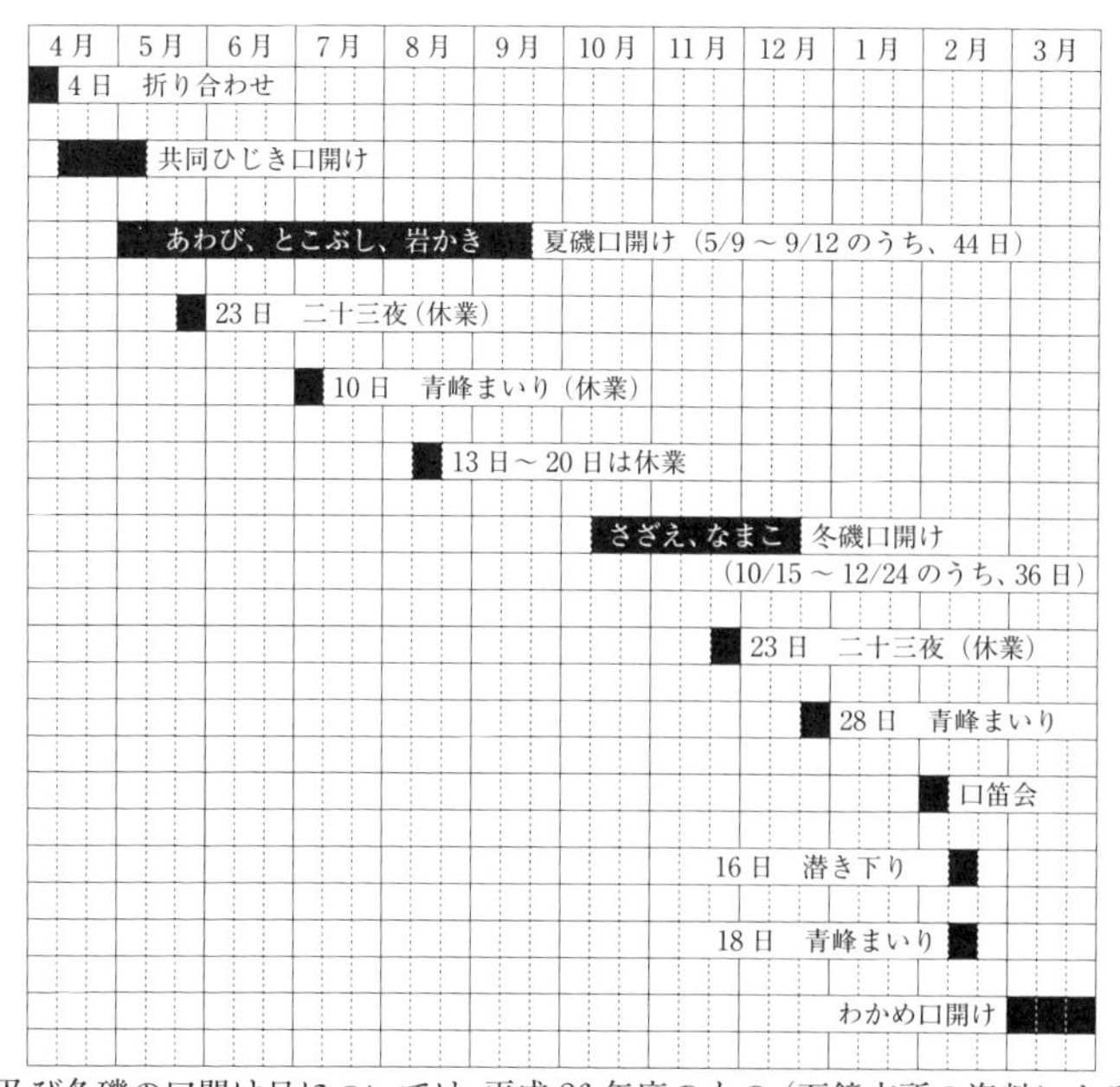

夏磯及び冬磯の口開け日については、平成26年度のもの（石鏡支所の資料による）

潜き下りの日、港の堤防に丸餅ひと重ねを供えて大漁祈願をする石鏡町の海女たち（毎日新聞鳥羽通信部提供）

の行事で、各家庭から箱膳に小豆ご飯のほか、御神酒（おみき）、小魚、小石を入れ、八大龍神の掛け軸をまつっていた社があった堤防で海神に祈りをささげた。続いて、鳥羽磯部漁協石鏡支所に設けられた仮の祭壇で、アワビのつがいを道具のアワビオコシでひっくり返し、箱膳をたたいて大漁を祈った。

海女たちは「1年の安全と大漁を祈るのがならわし。明るくすがすがしい気持ちになる」と話していた。海女漁は3月初めのワカメ漁から始まる。（二〇一一・二・一七毎日、朝刊）

ちなみに、八大龍神は八大龍王のことである。「法華経の会座に列した護法の竜神。水の神」、と『広辞苑』には書かれている。

青峰参りのこと

海女は信仰とともにあると言ってよい。めぐり来る季節の中で、地域特有のまつりごとを展開していく。まつりごとでは、何々祭りと呼ばれるような神との関わり、つまり「神事」が多い。前述した石鏡町の「折り合わせ」はどちらかと言えば仏への祈りである。仏教に関わる漁村の習俗と言えるだろう。青峰参りはそれを最もよくあらわす一例であると言ってよい。

石鏡町の海女は、年に三回、青峰山の山上の正福寺へ参る（表2参照）。青峰山は三重県志摩地域ではいちばん高い山で、標高三三六メートル。正福寺は高野山真言宗の古刹(こさつ)で、秘仏十一面観音を祀る。古くは、灘などの酒蔵の酒を樽で江戸へ運ぶ樽船が、秘仏に帰依(きえ)することもさかんであったし、遠洋漁業をはじめ、各種漁業者の信仰も篤く、海女の参詣も絶えない。海上守護第一の霊峰と称えられて来た。その故か、どの船にもお札を祀ったり、青く染められた小旗を帆柱に結んで、海上安全を願っている。寺には檀家はなく、信者の祈禱料や寄付などによって、寺のすべてが維持されている。

三回の青峰参りの中で、特に重要なのが二月一八日の「御船祭り」である。この日、石鏡町の海女は、こぞって山上に集まる。本堂で護摩を焚き、大漁と海上安全を祈願し、大きなお札を授かって来る。護摩を焚いたあとの灰は貰って持ち帰る。灰は海女漁のときの呪(まじな)いに使う。潜るとき、灰をちょっと指先でつまんで、額の真ん中にこすりつけるのである。

「貰(もろ)て来た灰は、漁協の支所で浜別に分けます。石鏡町では幾つかの浜に分かれて、海女が潜ります。潜いている海女の人数を、浜別につかんで、分けたのを配ってくれます。以前は護摩の火が消え

青峰山正福寺大門

るまで待って、その灰を貰（もろ）て来たもんですけど、最近は、灰は前から用意してくれていましてな。

　ずっと以前の人らは、道が細かったで自動車では登れませんでした。みんな前日から寺に籠ってな。当時の海女にとっては、それも息抜きで楽しみやったんですやろ。今は何人かで、それぞれ乗り合わせて行って、寺で全員が落ち合って、護摩を焚きます」

　ゑ美子さんはこのように話した。次に夫の佐一さんが付け加えた。

「今は祈禱料は一〇万円ですけど、以前は三〇万円包んで持って行った。飲めよ食えよで一〇万、四〇万円使（つこ）た時代もありました。昭和四〇年代かな。海女も多かったし、アワビもようけ（たくさん）とれた。それでも値は良かったでな。七月一〇日は中参りと言うて、寺の座敷を借り切って、歌うやら踊るやらの賑わいでした。その日は

鳥羽磯部漁協石鏡支所事務所に飾られている正福寺のお札。
伊雑宮など神社のものもある

海女漁の中間の休業日ということになっとる。初めの二月の御船祭りのときと、七月の中参りのときは、祈禱はしますが、三回目の一二月二八日は、礼参りというて寺参りして帰るだけです」

志摩地域の海女がすべて集落単位で、こぞって参詣するというのではない。志摩市内では和具の海女が多い、と寺人は言う。しかし、全般に見て、海女が減ったこともあり、かつてのような盛大な賑わいはなくなっている。アワビなどの漁獲物も減る一方である。それに道路が改良されたこともあって、前夜から山上の堂に籠ることもない。すべてがスピード化、簡略化で、信仰のかたちも時代とともに変化していくのである。

きさ子さんが小屋を立ち去るのを潮に、私も席を立って、ゑ美子さんにかつての折り合わせを行った場所へ案内を請うた。小屋からすぐ近くの坂道の上がり口である。ここに松が生えていて、網小屋が建っていた、と話す。潜き下りのときの餅撒きの様子を，手ぶり身振りで説明してくれた。埋め立てが進んで、昔の浜辺はすっかりなくなっている。

「石鏡の人らは、どっちかというと、寺を敬遠するんですけど、青峰山だけは別です。折り合わせのとき、圓照寺のお札を貰いますけど、和尚（おっ）さんが来てどうこうするわけでもありませんしな。寺は坊主や、漁は坊主ではいかん（駄目だ）、と言うてな」

漁師はその日漁獲がないと、きょうは坊主や、と言う。寺の和尚は頭の髪を短く刈っている人が多いのに掛けてのことだろう。

「和尚さんは頭に毛がない。漁師に当たりが来ん、魚の掛かる気配がない、つまり、魚信がないのはいかん、と言うて、仏事を敬遠するんですやろ」

ゑ美子さんの話に続けて、私はこのように言葉を続けた。バスの発車の時刻が迫る。ゑ美子さんと別れた。折り合わせの行事のあった、のり集荷場ではヒジキの出荷であろうか、何人かの人の声がする。それを耳にしながら、バスを待った。破れ果てた椅子が三つ、バス停に並んでいるが、座る人とてない。その日もまた乗客は私ひとりであった。

第二章　波路遥かなり——伊豆諸島新島へ、式根島へ

整備された新島若郷の漁港

新島・式根島略図

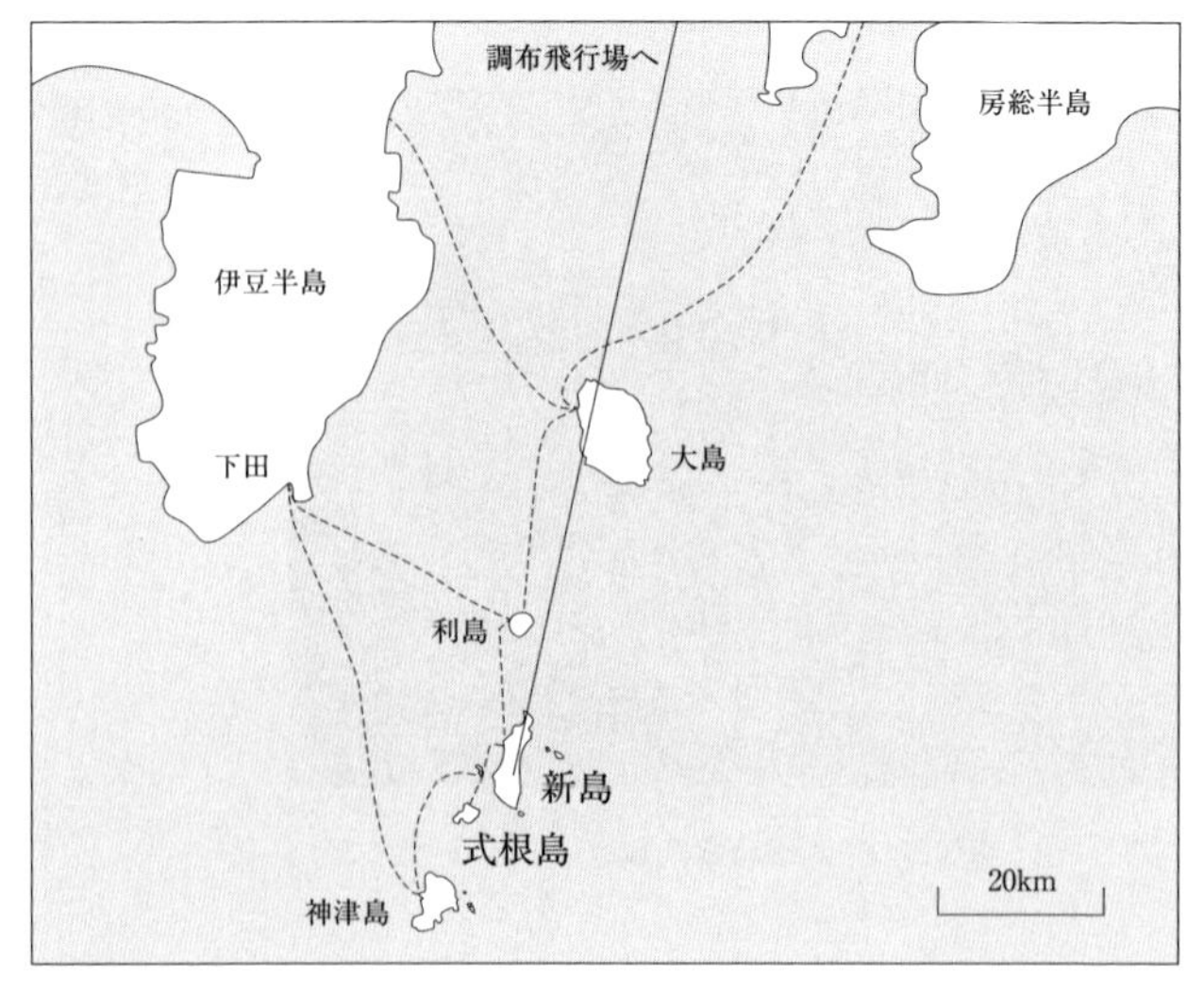

1　新島へ――かつての海女に会う冬の旅

東京都新島村
二〇一六・一・二四〜二五
植松(うえまつ)たけ子(こ)さん
水島(みずしま)さき江(え)さん
植松小(うえまつこ)ゆわさん
山本利恵(やまもとりえ)さん

強風の中、石の島・新島(にいじま)へ

伊豆諸島の一つ、新島へ飛んだ。二〇一六年一月二四日、強風の中を小さな飛行機に身を委ねた。志摩からテングサ採りに新島に出稼ぎに来て、島の漁師と結婚し、今も元気に暮らしている、かつての海女がいると聞いての冬の旅である。

新島漁業協同組合の天野(あまの)誠(まこと)さんのご厚意で、二五日に島にいる四人の人たちに集まってもらう段取りが整っていた。伊豆下田港から船に乗って出かける計画を、高波で欠航になるかも知れないとの

連絡を受けて、飛行機に変更したのである。「ひょっとすると引き返すかも分からない」と言う調布飛行場の係員の言葉を聞き流しながら、機内へ入る。定員一九名の小型飛行機のその日の第三便は、七名を乗せていた。飛び立って間もなく神奈川県片瀬の海岸が見えた。江の島が丸く小さく望まれた。

飛行機は揺れにゆれた。やっとの思いで新島の土を踏んだ。新島の飛行場に天野さんの笑顔があった。

島は冷たい潮風にさらされていた。風速一五メートルもあろうかと思われる強風である。流人墓地と新島村博物館を案内してもらうことにして、海沿いの道を行く。本村の港近くで、波が岩を噛み岸に砕けて真っ白に散る、見事な自然の風景を眼にすることができた。

眼前に、お椀を伏せたような丸い形の島がある。鳥ケ島という。南には、手前に式根島、その先に神津島が見えた。式根島は皿のような平たい形をしている。

本村の集落の中にある長栄寺の隣の流人墓地は、冬の午後の木漏れ日の中でひっそりとしていた。共同墓地の奥の一段低い場所にあり、地面には余す所なく真っ白い砂が敷かれている。そこに約一二〇基ほどの墓石が大小思い思いに立っている。墓石は苔むして、彫られた文字はほとんど読めな

小さな飛行機の窓から見おろす
片瀬の海岸と江の島

い。花が手向けられていた。島人の心のやさしさの表れであろう。

案内板を読んだ。次のような記述があった。

寛文八（一六六八）年から明治四（一八七一）年までの二百年余の新島への流人は一三三三人である。武士、百姓、町人、神官、僧侶、無宿者に至るあらゆる階層が、この島に流されたのである。

その中には赦免（しゃめん）になった者四八九人、流刑中に死亡した者は六五五人に及んだ。この中で、死刑、獄死以外の流人のほとんどが、この墓地に埋葬されている。

死刑に処せられた者は一一人であったらしい。流人の墓であるから、村人の墓より一段低く、かつては、通り抜けはできず、不浄道と呼ばれた。しかし、流人たちの中には、教育や医療、また、多方面にわたる技術の普及など、住民の生活や文化に貢献した人も多くあった。また中には、憂さ晴らしに酒を呑（の）んだり、ばくちに興じる者もいた。あとに残った者は、死者が生前好んだもの、つまり、酒好きには酒樽、ばくち好きにはさいころといった形の墓石を作り、供養したと伝えられている。帰り道であったが、村の道路の脇に「流人牢屋跡」と大きな字で彫られた石碑が建っているのを見た。

新島村博物館まで案内してもらい、明日、若郷（わかごう）で会う約束をして、私は天野さんと別れた。島の石、コーガ石（抗火石）を活かした斬新な感じのする博物館は、館のパンフレットにある「村の明る

折りからの荒波が鳥ケ島に砕け散る

木漏れ日が射す流人墓地。墓地には一面に、白砂が敷きつめられている

新島村博物館に展示されている「ソリテンビン」

い未来を志向する」というスローガン通りの文化施設であった。程よい展示で、ぐるっと廻っても疲れない。館内の片隅に立つ、木綿絣の仕事着を着た女のマネキンに眼が行った。それは新島にしかなかった「ソリテンビン」である。漢字では「反り天秤」となろう。新島の長い砂の道を歩く暮らしの中から考え出された、島独特の頭上運搬の道具である。

ソリテンビンは、女性の嫁入り道具として重宝された時代もあった、と解説文にはある。頭の上にクッションを置き、その上にソリテンビンを載せ、両端が荷の重みで、ばねのように弾むのに合わせて足を運んだ。絶妙な呼吸で体のバランスを支え、作業の能率をあげたと言われる。天秤の材は主に椎の木で、反りの程度によって、仕事の能率が違ったのである。しかし、この道具には、あまり長い歴史はなく、リヤカーの出現によって消

コーガ石で積まれた石塀。新島特有の雰囲気をかもし出している

滅する。約三〇年ほどで、島特有の習俗の一頁は消えたのである。

また、館内中央のフロアには、かつてさかんであった棒受網の模型が展示されていて、迫力がある。

閉館まぎわまで館内をぶらぶらしたが、博物館を辞するとき、男女二人の職員が玄関の外まで出て「遠くからわざわざ」と丁寧に挨拶をして、私を見送ってくれた。

そのあと、村を歩く。新島村は石の村である。至る所に石塀が築かれている。石垣が残る。石の倉がある。石はコーガ石である。世界で数カ所、日本では新島だけに産出する。石英粗面岩で耐酸性、耐火性に富む。江戸時代からかまどに使われるなど、村人の暮らしと共にあった。明治期に入ると、建築用石材として広く活用された。村を支えた石である。

村中（むらなか）の石塀が美しい。石をそのまま粗（あら）く積み上げたものもあれば、モルタルでしっかりと固めたのもある。築造の仕方によって、いつの時代にできたものかがわかるらしい。石塀を見ることで、島の古い歴史のひとこまを繙（ひもと）くことができた。流人の墓石もそれである。

「石の積み方で時代がわかりますよ。石の家も多いしね。私の家なんか豚小屋もコーガ石でできているんだから」

　これは翌日頼んだタクシーの運転手から聞いたことである。

昭和三〇年ごろ、志摩から出稼ぎに来た四人の海女

　明けて一月二五日、島は凪（な）いだ。それでも寒い。朝のテレビのニュースは、鹿児島では雪が舞い、沖縄に霰（あられ）が降ったと報じた。タクシーを頼み、若郷まで走ってもらう。運転手は途中、羽伏浦（はぶしうら）の砂浜を見て行ったら、と勧めてくれた。ちょっと東へ折れて真っ白な長い汀（なぎさ）に立った。約五キロの直線の海岸線が南北に伸びる。母と子の二人連れの、砂浜を歩く姿が遠くに望まれた。

　平成新島トンネルを抜ける。離島では長いトンネルである。徒歩、自転車は通り抜け禁止とある。どうしてだろう、と運転手に訊（き）けば、換気施設がないからでしょう、と答える。長いトンネルを抜けた先に、若郷の漁港があった。きちんと整備された港である。その向こうにひとかたまりの若郷の集落を見た。訪ねる若郷会館は、集落のいちばん北に建つ。つまり、新島村の最北端の位置にモダンな三階建てのビルが白い姿を見せているのだ。元の小学校であるらしい。役場の支所があった。そこで

来意を告げて、手荷物を預けた。

「漁協から聞いていますからね、多目的室をお使い下さい。集まるまで少し時間がありますね」

受付で話す女子職員は、さわやかな東京言葉である。島の人たちは親切であった。


北陸の輪島大沢の間垣に似た防風垣が若郷の海岸に続く

新島若郷でたまたま出会ったさつま団子を作る老婆と網に干されたさつま団子

「はるばる来たぜ新島へ」と替え唄が出そうな気分の昼前であった。浜へ出た。ここは黒砂の浜である。海沿いの家は強風を防ぐために、篠竹で防風垣を作っている。どこか北陸の輪島大沢の間垣に似ている。それよりひとまわり小型の間垣が、ずっと続いている。村の中を歩く途中で、庭先に蒸したサツマイモが干されているのを見た。大きなボウルへ入れて擂り粉木で潰したのを、三本の指でつまんで、せいろへ干し並べていく。頬被りをした老婆が、その手さばきを見せてくれた。

「乾かして固くしたのを、もう一度柔らかくしてね。糯米（もちごめ）をふかしてそれといっしょに搗（つ）き込んでね。さつま団子と言いますよ。昔からある食べ物だけど、今の若い人たちは面倒だと言って作らない」

老婆は笑いながら語る。

約束の時間より三〇分も早く、四人が連れ立って玄関のドアを押した。若々しい限りの女性たちである。

「遠い所からわざわざ来てくださってね」

と一人が言えば
「飛行機、飛んでよかったね」

と別の一人が続けた。これが初対面の挨拶であった。そこへ天野さんも駆けつけ、何かと世話をやいてくれる。

「みなさんに早速お話をうかがいますが、私は向こうの言葉でお尋ねしますので、よろしくお願いいたします。その方が故郷を思い出せてなつかしいですやろ」

四人の女性たちは、昭和三〇（一九五五）年ごろ、三重県鳥羽市の漁村、石鏡（いじか）から前後して新島へテングサ採りに来た海女である。石鏡は海女が活躍した漁村である。四人は旧鏡浦（かがみうら）村の中学校を卒業してすぐ海女になり、のち新島の漁師と結婚して、島暮らし六〇年の人たちだ。元気そのものの四

水島さき江さん

植松たけ子さん

人と見受けられた。

その人たちの名は、植松たけ子(旧姓宮本(みやもと)、昭和一五年生まれ)、水島さき江(旧姓里中(さとなか)、昭和一二年生まれ)、植松小ゆわ(旧姓河村(かわむら)、同)、山本利恵(旧姓城山(しろやま)、同)。たけ子さん以外の三人は、小、中学校とも同級生である。話が聴きやすいように、私のそばへ近づいてもらう。私と向かい合わせに、左から、たけ子さん、さき江さん。小ゆわさんと並んでもらい、私の右横に、利恵さんが腰を掛けた。

「三人は同級生だけど、こちらへ来てからも働くことが精いっぱいで、こんなにして集まることもなくてね。きょうはあなたのおかげで楽しいですよ。私と小ゆわさんがこの若郷にいてね、向こうのたけ子さんとさき江さんは、今は本村にいるの」

このように口火を切ったのは利恵さんであった。

「以前はさき江さんも私も若郷に住んでいたんですけどね、あれいつだったか、平成一二(二〇〇〇)

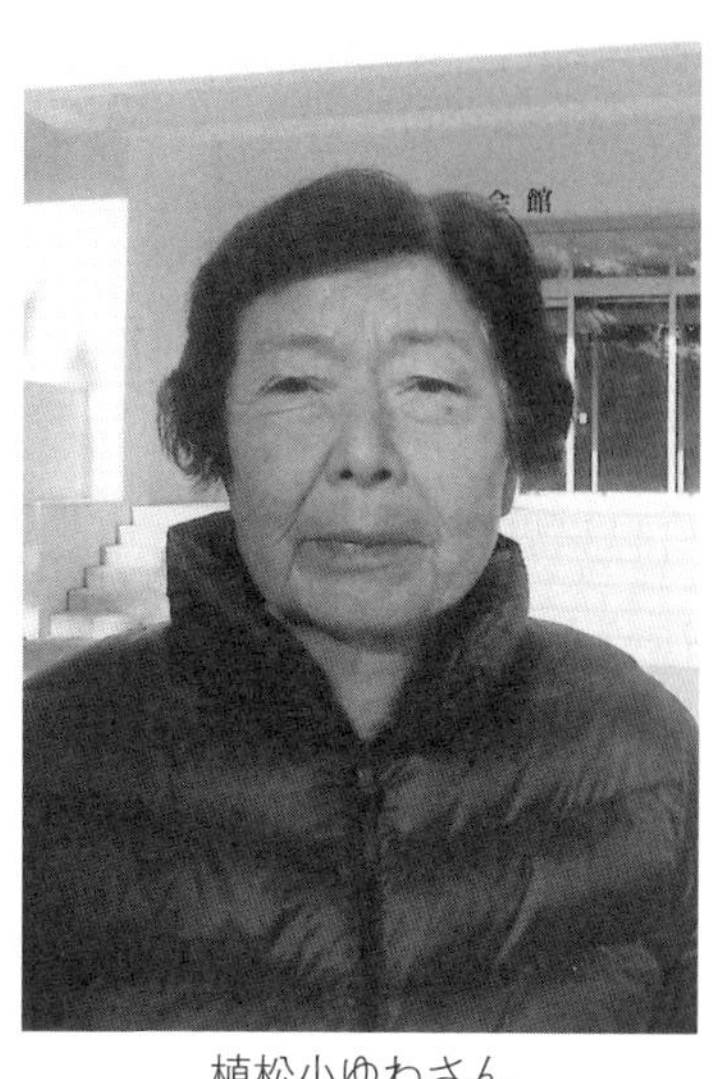

植松小ゆわさん

山本利恵さん

年だったか、この島に大きな地震があってね、山から岩が転げ落ちるやらで、被害を受けたから、本村の方へ引っ越したんです。若い人たち、そう言うしね、老いては子に従えですよ。今は二世帯住宅に住んでいます」

笑いながら話してくれたのは、たけ子さん、めがねの奥の眼が輝いている。初めて新島へ来たのはいつごろでした、と尋ねたが、はっきりしない。四人がああだ、こうだと話し合いながら、記憶をたぐり寄せていた。

「中学校卒業するのを親は待ちかねていたからね。すぐ海女になって、三年ぐらいは石鏡で海女仕事をしました。春から夏にかけて、磯桶頭に載せて、磯伝いに歩いて行って潜ったですよ」（さき江）

「海女も習いたてだったですけど、あのころは、アワビもサザエもたくさんとれたから、精が出ました。こちらへ初めて来たのは一八歳ぐらいのとき

だったかな。石鏡の人に連れられてテングサ採りに来たんです」（小ゆわ）
「私はこの三人の人たちより、三つ年下だから、新島へ来たのは少し遅いですね。石鏡の人が若郷の漁協と契約して、テングサを専門に採ったんですね。採ったテングサは漁協へ出荷したんでしょう。里中という人だったかな。私が初めてこちらへ来たのは一八の時でした。里中さんが新島へ海女を連れて来るのはこれで一二年目だ、と言っていましたから、私らの前にも大勢の海女が働きに来ていたんでしょう」（たけ子）
「石鏡では歩いて磯へ行ってね。オートバイなんか走れるような道がなかったもん。こちらへ来たのも、みんな違うんです。でも私たちはだいたい昭和三〇年前後でしょう」（利恵）
「結婚したのは、昭和三四（一九五九）年だったかな。忘れるぐらい前のことだもの」（小ゆわ）
「新島で夏潜って、石鏡へ帰ってからまた潜って、秋になると稲刈りの出稼ぎをしたですよ。秋仕と言っていました。稲刈り始めますね、姉さんたち先行ってんか、と言って、後から追ってきてね。息する暇もないぐらい。それでも負けるもんかと稲刈りましたわ」（さき江）
四日市や愛知県まで行ったのかと聞いたら、割合近い所の地名が出た。
「通とか黒瀬とかね。今の伊勢市内の近くだった。松阪あたりの農家へも行ったね」（小ゆわ）
「私は初めの一年が新島で、そのあとは、熊野や尾鷲の磯へ行ったし、磯津（四日市市）の方へ煮干作りに行ったこともあったですよ。新島では漁協で泊まる家を世話してくれてね。石鏡から来た海女全員が共同生活するの。食べる準備も当番で順番にしました」（たけ子）

「私も一七歳で尾鷲へ出稼ぎに行きましたよ。アワビもサザエもたくさんいたもんね。それとアコヤガイの稚貝がたくさん岩についていて、それもとりましたね。働き次第、精次第で、まだ半人前ぐらいの年齢だったけど、稼げました」（利恵）

「初めて新島へ来たときは、港もないぐらいで、船も接岸出来ないしね、はしけで島へ渡って上陸したんです。こんな所に半年近くもいるのか、と言ったですよ」（たけ子）

「私がね、石鏡で磯桶浮かべて潜っていたときに見たんだけどね、揚がってきたら、そばにぎりの船がいたの。ぎりの船というのは、夫婦で海女漁をする夫婦船のことなんです。そのときね、海女が何もとらんと揚がってきたんですよ。海女が船べりに手をかけて息を整えているときにね、船の上の旦那がね、足で海女の手を蹴ったんですよ。私、それ見てね、もう石鏡の漁師の家へは嫁に行かんと思ったの。今はもうそんなことはないでしょうけど、当時は女たちは追い廻しだったもの」（さき江）

「そんな追い廻しをたくさん見てきていますからね。一人ひとりで磯へ行く桶人でやっていたときでもね、嫁に行った海女なんかは、貝がとれんから、寒い寒いと言いながらも揚がって来やへんの（来ないの）。ふるえながら潜ってね」（たけ子）

話し込むうちに、時折り、故郷の言葉が出た。「とれん」とか「来やへん」はまさに志摩の言葉だ。

「そんなところをいろいろ見ていますからね。いややね、こんな所へ嫁に入るのはいやや、と思っていたんです。ほかの人もそうだったと思いますよ」（利恵）

「とれん人があるとね、その人に自分がとってきたアワビの中から一つ、二つをそっとあげてね。助

け合いでやってきたんですよ」（さき江）

「そういう場面を見たり聞いたりしているから、親の死に目にも会えないような離れ島へ行くのも、あまり抵抗がなかったんでしょうかね」

と合点したように、私は相槌を打った。

「どの家でもね、潜ってたくさん貝とる海女を嫁に欲しがったんですよ。親としては自分のそばに置いておきたかったでしょうしね。だけど、いろいろな場面を見ていましたからね、泣き泣き来たんではないですよ。ほかの人も同じだと思うけど、新天地を求める気持ちでした。若かったしね」（たけ子）

泣き泣き来たのではない、と言うたけ子さんの言葉が、すばらしかった。女性の自立の証しの一つとして、私は納得したのである。

四人の話に垣間見る島暮らしの半生

「初めて来たとき、船から若郷の村を見たんだけど、どこに家があるのかわからないぐらいだった。低い土地に小さな家を建ててね。すべて茅葺（かやぶき）の粗末な家でしたね。そのころだったですけどね、どの家も豚を飼っていてね。臭いし、その上、ハエが多くてね。ご飯のときに、おかずを置くでしょう。すぐに真黒くなるぐらいに、ハエがたかってね。それはひどいもんでしたよ。島の人たちは、島のハエには毒がない、と言うんだもの」（たけ子）

「庭に水がたまっているでしょう。そこにウジ虫がわいてね。それでも豚を飼うのが現金収入のいちばんいい近道だったから、どこでも飼ったですよ。この島はサツマイモがとれたから、くずいもを煮てね。それが餌でしたね」（小ゆわ）

「島へ来たころ、島の女の人は働いていなかったですよ。男の稼ぎで生活できたのかな。男の人が潜ってテングサ採っていました。私らが来て、潜って稼ぐから、女性の働きに驚いたんです」（さき江）

「村の人がね、あんたらが来たから、村起こしができた、と言ってくれましたですよ」（小ゆわ）

「初めに言いましたけどね、一つの島に住んでいても、四人集まってゆっくり話し合うことも少なくてね。だからきょうは嬉しいですよ。みんなてんでに働いているからね。私の所は民宿やって釣り船出しているんです。だけど、冬は風が強いから毎日が休みでね。さき江さんなんか、今もクサヤを作る工場へ働きに行っている現役だもんね」（利恵）

「海女の仕事やめてからずっと三〇年ぐらいになりますね。新島では、アオムロ（ムロアジ）で作ります。島でとれるのは小さいから、九州から持って来てね。あちらのは大きいですよ。腹開きにして、腸とエラを除いてね、そこは肥料になるの。昔からの漬け汁があってね。どろっとしていますよ。発酵しているから、独特の匂いがしますね。開いたのをその中に入れてね。ひと晩漬け込んだのを、壺から出して、そのときの漬け汁は捨てないの。出したのを二回も三回も水洗いします。よく洗ったものを干すの。昔は天日干しだったけど、今は機械でね。二、三日すればできあがりですよ」

（さき江）

「サメでも作りますね。サメもうまいですよ。最初はね、旦那に焼いてくれと言われると、嫌で嫌でね、あの匂いが嫌でたまらなかったですけど、なんでも馴れればね。今は大好きですよ」（たけ子）

「焼いてちぎったのを袋に入れて、土産物として売っていますよ。都会のアパートなんかであれを焼いたら苦情がくる」（小ゆわ）

「新島へ来てテングサ採って稼いでも、稼ぎは全部親にいったからね。どれだけになったのか。生活費は差し引かれましたよ。でも、秋仕の稼ぎは、みんな自分のものになったの」（たけ子）

「純情だったんですよ。一生懸命働いて、全部、親に渡したんですからね」（利恵）

「そんなあなたがたの心持ちや働きぶりに、新島の男達は惚れたんだ。ころっといったんでしょう」

この私の接ぎ穂に、

「そうかも知れない。いろいろありましたよ」

とたけ子さんは笑いながら受け流す。いろいろあったことをもう少し訊きたいと思った。次はあとから電話で告げられた話である。

「初めて新島へ来たのが一八歳のとき、昭和三三（一九五八）年だったですよ。五、六人の人といっしょでした。ほかの人はみな年上でね。夫婦の人たちもいたしね。私、島で男の人と知り合ったんだけど、親たちは反対ですよ。石鏡にいて海女してくれれば、という思いだったんでしょう。その人といっしょになりたいと言ったんだけど反対されてね。もう新島へは行くなと言われました。それで次からは伊豆のあちこちへ出稼ぎに行ってね。石鏡より伊豆の方が新島には近いというわけ。伊東市の八幡野、その少し南の河津町の見高、今は伊豆高原という電車の駅がある近くですよ。そんな所でテングサ採りをしたんです。そのあと、再び新島へ渡りました。昭和三五年に結婚することができました。でも旦那は若くで亡くなってね。漁師でした。三人の子を残してね。そのあと女手一つで子ども育ててね。テングサ採りに必死でしたよ」（たけ子）

「こちらへ来たころは、テングサがいっぱい採れたからね。むしり採ってスカリがいっぱいになると、下からそれを知らせます。袋を引っ張り揚げて、空の袋と交換するわけ、二時間くらいは潜っていましたよ」（小ゆわ）

「私たちはこちらでは、素潜りじゃなく、水潜器を頭につけて潜りました。船の上から空気が送られてきますから、すぐ揚がらなくていいの。能率があがるから、たくさん採りましたね。男の人は鉄かぶとのようなものを頭からかぶる潜水器だったですよ。あれは自由がきかないけど、私らは面をつけて潜るようなものでね。吐いた息はぶくぶくと出て行ってね。何か食べようとして、あごの所から指を入れても水は入ってこないしね。海女の場合は面のように頭にかぶってね。空気が来る管が付いています。だから二時間ぐらい潜っていました。こちらへ来て、口開けまでに馴れるように練習しましたよ。初めのころは失敗しておっかないこともあったけどね。ホースが潮に乗ってずっと流されているのが見えたですよ。鉛の重り付けてても、潮が早くなると流されそうになってね。流されて岩の間に挟まれたりしちゃ、命落とすことになりますからね。稼ぎはあったけど命懸けの仕事でしたよ。潮の流れがきついから、潜っていると流されるんです。そんなときは、岩にしがみついてね。しがみつきながらテングサむしりましたよ。船の上からは、命綱をびんびんと引っ張ってくるしね。一回入れば二時間ぐらい仕事ができたから、揚がったり潜ったりしなくてよいの。能率はあがるしよかったですよ。テングサもたくさん付いていたしね。ウエットスーツは私が行って間もなく着ましたから、昭和三五年ごろには普及し始めたと思います。一〇キロぐらいの重りを体につけました。前に二つ左と右につけて、背中に一つ背負いましたね。とにかく潮の流れが早いから、体が流されました」（たけ子）

「だから、アワビでもサザエでも身が硬いし、塩辛くて食べられない。鳥羽でとったようなおいしいアワビはとれないの。アラメもワカメも生えないし。テングサもうんと少なくなった。最近は男の人（海士）が二、三人採るだけでね。儲けにならないと言ってます。だけど、このごろ見直されてきているんですよ」（利恵）

四人の話ははずんだ。精一杯働いて来たという充足感が言葉のはしばしにあった。生まれ在所へ行く機会も減るばかりだと異口同音に言う。親が亡くなって代が変わるとね、と呟く人もいた。

新島には伝統漁業として棒受網漁があったが、後継者不足のためか、今はない。本村地区に大掛網と言う大掛かりな網漁があると聞いた。追込漁であろうか。このことについて、たけ子さんは次のように語る。

「タカベをとるんです。村中の男が出てね。大勢でやる網ですよ。大漁節を歌ってね。私らテングサ採りをしてても、手伝ってくれと言われたですよ。新島と北の利島の間にある鵜渡根島あたりまで行って、網張ってね。たくさんとれたんですよ。一回で二トンも三トンも入りましたからね。でも女の人は行かない。弁当作って家の男たちを送り出すだけですね。タカベは夏、塩焼きにするとおいしい」

四人それぞれに、長い島暮らしの人生がある。命懸けで働いてきたそのご褒美が、今の落ち着いた老後の日々ではないのか、と思う。

新島村博物館で見せてもらった『新島村史』の中に、「民謡・童謡」の一章があった。そこに、「島節」が採録されている。次はその一節。

私しゃ新島　荒浜そだち
　波は荒いが　気はやさし
来たら語りましょ　新島の浜で
　砂の数ほど　こまごまと

島の周囲は四一キロ余りと聞いたので、野口雨情の新民謡に真似て作ってみた。

伊豆の新島　廻れば十里

タカべとる船　賑わしや

帰りの飛行機の中で、ふと思いついたひと節である。
新島村はごみ一つない、限りなく美しい島であった。

〈参考資料〉
『新島村史』（通史編）新島村役場、一九九六年三月刊
『日本の島全図シマーズ』日本離島センター、二〇一一年一二月刊
『島々の日本』日本離島センター、二〇一三年一一月刊

新島データ

伊豆諸島の中心に位置する。面積二三・一七平方キロメートル、周囲四一・六キロメートル、人口二二八〇人（平成二八年二月一日現在）。島の色が白いことから「あたらじま」と呼ばれ、のちに新島となった。渋谷駅前のモヤイ像でも知られるコーガ石は、日本では新島だけで産出されるガラス質のスポンジ状をした天然石で、建築材料やガラス原料に使われる。西海岸の羽伏浦は真っ白な砂浜で、世界有数のサーフィンポイント（『しま』二四五号から）。

日没が迫る新島の海辺。前方は式根島

2　深緑の式根島へ――石鏡生まれの人に会う

東京都新島村式根島
二〇一六・五・二三
井上（いのうえ）かつ美（み）さん

式根島（しきねじま）へ

伊豆半島南端の東南、約45㎞にある。元禄16年（１７０３）、この海域を襲った大津波のため新島と分断された片方がこの島だと伝えられる。入り組んだリアス式海岸の美しい景色は他の伊豆諸島にはなく、この島固有のもの。

座右の書の一冊である、『原色日本島図鑑』（加藤庸二著、新生出版社刊）には、このように式根島が紹介されている。伊豆諸島のいちばん北の伊豆大島から数えて、四つ目の有人の島である。「入り組んだリアス式海岸の美しい景色」、という言葉に惹（ひ）かれて、機会があったら一度は訪ねたいと思っていた。

今年（二〇一六）一月に、私は伊豆諸島の新島（にいじま）に渡った。ここには、かつて三重県鳥羽市から海女漁をするため出稼ぎに来て、新島の人と結婚し、今も元気に島で暮らしている人たちがいる、と聞いたからである。幸い島の漁協の厚意で四人の女性に会うことができた。短時間ではあったが、海女さんたちの出稼ぎの事情と、以後の島での仕事など、貴重な体験の幾つかを聞き、記録することができ、その小文は季刊誌『しま』の二四五号に掲載された＊1。

「志摩からは大勢の海女が出稼ぎに来たからね。伊豆半島は西も東もあちこちいっぱいいたし、新島のほか、この南の式根島へも渡ったと聞いていますよ。三宅島（みやけじま）にもいるんじゃないの。私らのように、鳥羽の石鏡（いじか）からだけでなくて、ちょっと南の相差（おおさつ）からも海女が来ていましたね」

四人の誰であったか、別れぎわにこんなことを話してくれた。何気ない海女の言葉が耳に残っていた。今も元気で式根島にいるだろうか、ぜひ訪ねたい、とそのチャンスを探していた。

四月四日に、鳥羽市石鏡町でちょっと珍しい海女の行事があった。「折り合わせ」という、海女がそれぞれ自分の家でぼた餅を作り、それを急ごしらえの祭壇に供えるというだけの行事なのだが、一二〇年も前から続いてきた漁村の習俗の一つである。それを見るためバスを乗り継いで石鏡の港へ駆けつけた。

このとき、折り合わせの会場は漁協ののり集荷場の中であった。そこで、漁協の役員であった宮本（みやもと）正蔵（しょうぞう）さんに出会った。気軽に話し込んでいる中で、一月に新島へ渡って、石鏡出身の元海女さんたちに会って来たことを話した。

「大勢の若い海女が伊豆へ出稼ぎに行ったでな。夏になると、石鏡には若い女は一人もおらんと言われたもんや。あんたが新島で会うた人というのは、大体、私と同年輩やで覚えとる。何人かの海女をまとめて連れて行く人がおってな。新島だけやない、式根島へもずっと以前から行っとったしな」

しめたと心が躍る。

「式根島へも渡りたいと思うんですが、何しろ伝手がないんですわ。人伝手に聞くことができん時代になってしもて、訪ねたい人が皆目、見つからんのです」

このように話し掛けた。

「私の隣の山本という家から、式根島へ行った海女がおる。多分分かるで、訊いて連絡しましょう。たしか、あの家の人は私らより大分年上の人やで、もうおらんかも分からんけどな」

親切なひと声に、やって来て良かった、と思い、宮本さんにぜひ連絡をと頼んだ。

二、三日して、電話があった。

「やっぱり、もう亡くなっとるけど、その人の娘さんがおるで、聞いて来たらどうです。今からあんたの所まで、ドライブがてら、住所氏名を知らせに行くが、あんた家におるかな」

「います、います。わざわざすみません」

こんなことで、あっという間に、式根島へ渡る機会が生まれたのである。もちろん、式根島の訪ね

＊1『しま』二四五号「新島へ――かつての海女に会う冬の旅」川口祐二。本書所収。

る人にも、わけを伝え、来て下さい、という返事を貰ってのことであった。

五月二二日、日曜日の深夜二二時に東京竹芝（たけしば）桟橋を出る船に乗った。さるびあ丸、総トン数は五〇〇〇トン近く、全長一二〇メートルの大型客船の客となった。客でも最下等の客である。二等船客、船底の硬い床にごろ寝する客であった。

小さな枕が一個、毛布は一枚一〇〇円で借りる。床にはうすいじゅうたん風の敷物が敷いてあるが、板の間と大して変わりはない。二二時に出航して、目的地の式根島の野伏港（のぶしこう）には翌朝の九時五分に着く予定。一一時間の行をしているのと同じ気持ちで、まんじりともできない。横になる位置が決められていたが、船が動き出してからしばらくして、私は寝る場所を変えた。少しでも暗い所が良かったからである。

眠れないまま、いろいろ考えてみる。式根島へ渡る方法のことだ。次のような旅程がある、と指を折った（料金はすべて片道）。
①さるびあ丸で往復。いちばん安い二等で、五三五〇円、特等となると一万四九八〇円。帰りは一一時二五分に野伏港を出て、一九時四五分に竹芝桟橋に着く。
②行きはさるびあ丸で、帰りを高速ジェット船にすると、ジェット船の運賃は八七四〇円となる。高速船は、航行時間は約三時間と短縮される。往復とも高速船ならなお早いが、運賃がかさむ。
③調布から飛行機で新島飛行場へ飛び、新島の漁港から連絡船にしきで式根島へ渡る方法もある。この場合は、フライト料金は大体一万四〇〇〇円ぐらい。便数も三、四便と月によって変わり、強風

のときは飛ばないから、遠方からの利用には不安な点も多い。にしきの船賃は四三〇〇円だ。一日四便である。

④もう一つの便は、伊豆下田港からの船に乗る方法もある。フェリーあぜりあ号で、およそ三時間である。二等で三七七〇円、一等が七五五〇円だ。二等なら他の行程より安いが、毎日の運行ではない。式根島から下田へは月、水、土の三日間、下田からの船便は、火、金、日となっているから、ちょっと不便だ。

夜10時に東京竹芝桟橋を出航し翌朝9時5分に式根島野伏港に着岸した大型客船さるびあ丸の巨体。外国人も見かけられた（2016.5.23）

飛行機便は別として、東京発の船便はどちらも一日一便である。遠いからと言えばそれまでだが、何と船賃の高いことか。伊豆諸島は東京都の自治体なのだから、もっと都が補助金などを出すなどして、島の暮らしを楽にはできないか。年金暮らしの島人が、本土に住む子どもたちに会うにも、万円金（がね）が必要では、決して安心した離島暮らしということにはならないだろう。船賃がもっと安ければ、観光客も増えるはずだ。どう税金を使うかである。
船会社のパンフレットには、「のんびり、ゆったり」の船旅と書かれているが、それには、最高クラスの料金を払わないと体験できないだろう。床下のエンジンの音を聞きながらこんなことを考え、一週間ほど前の「中日新聞」の夕刊記事を思い出していた。

——前略——日本離島センター刊の『しま』二百四十五号（東京）では「離島創生の動向」を特集しており、各地域の抱えている離島問題にメスを入れている。——以下略——

この一文は、敬愛する文芸評論家の清水信さんの「中部の文芸」と題する毎月一回の論評の中の一部である。『しま』二四五号に掲載された私の小文を読んで下さっての言及なのだが、最後は次のように結ばれていた。

島の問題は民族の問題である。

千鈞の重みのある名言として、心に刻んだ。
大型客船さるびあ丸は定刻の九時五分に野伏港の桟橋についた。五月晴れのすがすがしい朝であった。海の青さも山の緑も、すべてが目に沁みるほど鮮やかであった。

かつ美さんも海女であった

二〇人ほどの客が降りた。外国からの旅行客も混っていた。岸壁に女の人が立っている。どの人か知ら、と呟（つぶや）くように人を探している。

「井上さんでいらっしゃいますか」

　と声を掛けた。

「川口さんですか。大変遠い所までお疲れさまです。どうぞ車でとにかく家（うち）へ行きましょう。大勢の人ですぐにはわからなくて」

「すみません、わざわざ迎えに来ていただいて有難いです」

「夜の船は時間が長いから疲れましたでしょう」

「何しろ、いちばん安い、二等船客ですからね。船の震動の中でうとうととして少し疲れました」

　笑いながら、港の坂道を登り、町の中の細い道を走った。島内でただ一カ所だけの四つ角の信号で止まる。その少し先に井上さんの店があった。みやげ物店である。

　挨拶もそこそこに居間のテーブルを囲んだ。豆乳を飲みますか、と店の商品を出して勧めてくれる。乾ききったのどを潤すには、何よりのおもてなしであった。

「井上かつ美と言います。昭和二四（一九四九）年生まれです。母は前田富栄（まえだとみえ）と言いまして、大正一一（一九二二）年一〇月生まれでした。鳥羽の石鏡生まれで、海女でした。石鏡で結婚しましたが

磯着を着た前田富栄さん、50歳ごろか
（井上かつ美さん提供）

若くして夫、つまり私の父親が亡くなったんです。こっちへ石鏡の海女が大勢で出稼ぎに来ていたとき、母もいっしょに来たんですね。昭和二七、八年ごろでしょう。山本富栄といっていました。私は亡くなった石鏡の漁師の子なんです。母は式根島へ来て、こちらの前田國春（くにはる）と再婚しました。だから私には義父に当たります。昭和四年生まれだから、母とは七つほど年下でした。いい父親でした。私が三歳ぐらいのときですね。私は石鏡では山本家の長男の子ということでしたから、私を式根島へ連れていくことは駄目だといって、石鏡に引き留められていたんです。そうこうするうちに、父の弟が結婚して、家を継ぐことになって、私は式根島へ引き取られたんですね。だから子どものときは、母と別れて石鏡でおばあさんの世話になって育ったんです。当時はあそこは志摩郡鏡浦村という村でした。そんなことで、私も正真正銘の石鏡娘なんですよ。初めての子は男の子だったんですが、すぐ亡くなったそうです。こちらへ来てから、娘が一人生まれました。妹ですね。

当時は新島のほか、式根島や三宅島などへも、石鏡あたりの若い海女さんが大勢出稼ぎに来てたんですよ。私の母は、相差の海女さん二人といっしょに渡って来たらしくてね。何回か来るうち、父國

式根島を案内してくれた井上かつ美さん。かつては島の海女であった

春と知り合っていっしょになったんですが、婚姻届は昭和三〇年に出しています。

相差からやって来た二人の海女のうち一人は、こちらにいい人がいたんだけど、親が反対したのかな、泣くなく帰ったと言われていますね。あちらへ戻されて、とうとう好きな人とはいっしょになれなかったという話が残っていますよ。もう一人、私の父親の妹、つまりおばさんに当たる人が、私のお守りをするのにね、式根島まで来たんです。もう亡くなりましたけど。志摩の海女さんたちは、石鏡だけでなく、あちこちから伊豆半島へ働きに来ていましたね。

母は式根島で世帯を持ってからは、テングサをとりました。よくとれたんですね。前田のお父さんは長男じゃなかったから、自分の力で土地を求め家を建ててね、苦労はいっぱいあったんです。何もないところからの出発だったですからね。でも、テングサが値がよくて結構、稼いだようですよ。体一つで財産作り上げたんだから。いや、母さんと体二つでと言ってよいかもね。

お父さんがすごかったから、アワビもたくさんとったしね。父も潜るの上手だったですよ。夫婦船（めおとぶね）で出て、二人それぞれに潜ったですよ。石鏡のように、ギリの船と言うのか、船人（ふなど）と言うのか、海女さんが潜って、旦那は船の上で命綱引っ張って、海女の仕事を見守る、というんじゃないの。こちらでは、夫婦とも潜るんですね。母も石鏡では上手な海女の一人だったらしいけど、式根島へ来てからは、お父さんにはかなわなかったですね。

母はそのあと海女はやめて、魚屋になりました。ちょうどバブル景気が始まるちょっと前ごろからですかね。魚売りをして稼ぎました。配達して繁昌したんです。島外へも出荷しましたね。島に来る人も大変多くて一日一〇〇〇人ぐらい来ていましたから、それは活気があったの。売れて売れてね。私も手伝いましたからね。景気が良かったですよ。前富（まえとみ）鮮魚店と言いました。

私も結婚するまでは海女だったんですよ。二五歳で結婚しました。中学卒業してすぐ海へ出ました。家の手伝いです。テングサをとりましたね。アワビもとりましたよ。アワビをとり始めたときですけどね、うちの母は志摩で覚えてきたように、手でさぐってとっていましたけど、うちの父は、泳ぎながら、上から貝を見つけよ、と言ったですよ。アワビは岩なんかにくっついているときは、貝のまわりに足のようなもの（足部背縁部という）を出していますから、わかるんですね。それだけ、こちらの磯は澄んでいるということなんでしょうけどね。

磯めがねはまわりがゴムでできていて、一枚のガラスで、目と鼻を入れる形のものでね。うちの母たちが、三重県から持って来たんです。それがよく見えるということで、島の人たちも、みんな一眼の磯めがねに変えてね。それまでは二眼のめがねだったですよ。

私が潜るときには（一九六五年ごろ）、ウエットスーツがあってね。島では、ダッコチャンと言っていました。黒いゴム製の人形がありましたね。ここでは今でもダッコチャンですよ。ちょっと経ってから、上下に別れたウエットスーツになったんだけど、私が初めて着たときは、上下つながった、つまり、つなぎのものでした。この前、物置片づけていたら、このつなぎのウエットスーツが出てきましてね。捨ててしまったんだけど、こんな細い脚（あし）だったのかな、と皆で笑ったですよ。脚を入れるときは、シッカロール、天花粉（てんかふん）とも言っていましたが、あれを一面につけて着ました。お風呂場で体を濡らしてから着るとかね。前はファスナーですよ。足ひれは当時はなかったです。志摩の海女と同じように、木綿の手拭いで頬被りをして、その上に磯めがねを付けました。

ウエットスーツは誂（あつら）えました。漁協でやってくれました。採寸して仕立てたんですよ。毎年作り変えることはしなかった。値も張りましたからね。破れたときは、同じゴムでそこを貼って繕（つくろ）って着てたですよ。

今はテングサをとるときは軍手を使いますけど、うちの母たちのころは、自分でそれぞれの指にはめる指袋を縫ってね。夜なべ仕事でした。私も手伝って縫いましたよ。それを両手の指にはめて、テングサをとったんだけど、いつか、母が、指をウツボの口に入れてしまって、噛（か）まれてね。あのときは痛いと言って大変でした。よく働く人だったと思います。長命でね、三年ほど前に亡くなりました。

磯がとっても静かなときがあるんですね。そんなとき、草がね、海藻のことなんだけど、草が腐って潮が悪くなるときがあってね。酸素不足になるのかしらね、そんなとき、岩の下から上まで、ずらっとアワビがくっついていましてね。それを父親に教えて貰ったことがあります。こういうところを見つけろ、と教えて貰いました。ほんと、びっくりするほどアワビが岩の面に隙間なくびっしりとくっついていたんです。とりましたよ、とった、とった、あっという間に籠いっぱいになりました。そんな経験、三回ありましたね。一気にとりました。潮が濁っているわけでもないんですよ。この話しても、誰も信じてくれないの。とにかく豊かな海が、私たちの住む式根島のまわりにはあったという証しだと、いつもこの話をします。

式根島の磯には、トコブシもたくさんいたしね。石引っくり返すと、塊のようになっていっぱいいました。私、俳句やっているんだけど、そんな情景を詠んで、五、七、五にするんですけどね、互選のときは誰も私の句、採ってくれないの。そんな場面を見たことない人ばかりですからね。

すべてのものが減りましたね。五、六年前は大きなびっくりするようなサザエがとれました。それは大きかったですよ。前田のおじいちゃんが一回見たことがあると言った話なんですけど、サザエが大きな塊のようになって、岩を上へ上へとあがって行くんだって。そうするうちに、その塊が堪え切れなくなって、どっと底へ落ちてね、また上って行くのを、見たことがある、と言っていました。

野伏港にもやう井上かつ美さんの夫一昭さん所有のタカベを追う漁船。
船の中央の数字は漁船登録番号

サザエはとれなくなった、と思っていると、また何年かして、とれるようになりますね。この前、エビ刺網に掛かった大きいのを、知り合いに送ったことがあったの。そしたら、受け取った人は、大きかったと感激してしまってね、来年もまたお願いします、と礼状が来たけど、来年のことは約束できないね、と私たち笑ったですよ。大きいのにびっくりして、感激したらしいです。

母はあまり昔のことは話さなかったですね。私を連れて前田の家へ嫁に来たんだから、いろいろあったんでしょう。私も気を遣っていたから、高校へ行きたくても、ちょっと遠慮があったしね。だから、中学卒で海女ですよ。結婚してからは、井上の家が食堂をしていましたので、どうしても手が必要だし、私は潜りたかったんだけどね。食堂のあと、今のようなみやげ物店に切り換えました。旦那は船で海へ出てタカベを追っています。

私、潜りたいと言ったんだけどね。子育てもありましたしね。
だけどね、八年ほど潜っていたおかげで、式根島のぐるりすべての磯の様子は、頭の中に入っています。それが今、役立っていますよ。ダイバーが店に来るでしょう、そんなとき、どこで潜った、と場所を聞いて、あそこなら、磯の中はこうなっているでしょう、と言ってやるの。おばさん、よく知ってるね、とお客のダイバーが驚くぐらいですよ。何で知ってるの、と尋ねるからね若いときは海女で潜っていたからね、島のぐるり知らない磯はないですよ、と言ってやるんです」

磯を見る、山を歩く

一一時になった。食卓の上に何枚か古い写真が用意されている。それらを見せて貰った。中に、石鏡のおばあさんたち二人がわら仕事をしているのがあった。右は母方、左奥は父方の祖母であると言う。二人とも海女であった。海女仕事の合い間に、わら草履を作り、箕を編む二人の女性が、何ともきりりとしてきれいであった。

「お昼まで、どこか案内しますよ。この島はタクシーがないし、歩いては大変ですからね」

かつ美さんの親切に甘えた。与謝野晶子（よさのあきこ）の歌碑を見た。井上さんの店からそれほど遠くない。それは式根島港の岸に建っていた。ねじれたような形の細長い石に細い字で歌が彫られている。

　波かよふ門をもちたる岩ありぬ

式根無人の嶋なりしかば

と読めた。一九三八（昭和一三）年の作である。この年の春、晶子は盲腸炎で手術をし、秋一〇月、式根島、新島、大島に旅行した。そのときの一首である。ちなみにこの年、晶子はのちに、「晶子源氏」と親しまれる『新々訳源氏物語』を刊行するのである。夫、鉄幹はすでになく、歌人六一歳のときであった。

式根島港の岸壁に建つ与謝野晶子の歌碑。細い字で彫りが浅く近づかないと読めない

島の中は縦横に道路が走る。美しく整備され、ごみ一つない緑ゆたかな島であった。島の西海岸の神引山に立った。眼下に神引湾が群青の海を見せている。その先、中の浦、大浦といった形の似た湾が続いている。全くのリアス式の入り江である。反対の東から南へかけ

高い透明度を誇る泊海岸。遠浅で白砂の浜が見事。島の北に位置する。
式根島にはこのような美しい湾が幾つもある

ての海辺もすべてが入り組んでいて、島は草刈機の歯のようである。北の新島の、これはまたこれで美しいのだが、単調な伸びやかな海岸美とは全く逆で、どの湾もすばらしい景観であった。大浦の休憩所で弁当を食べた。かつ美さんが用意して下さったものである。目の前の海を小舟が三艘、ゆっくりと磯のまわりを巡っている。レジャーで来た人たちらしい。

白鷺の石で眠りを摑みけり

「この磯に白鷺が止まっているのを見ましてね。じっと動かないでいるんです。その様子を詠んだ一句です。恥かしいような出来ですけど」

弁当を食べながら、案内者はこのように語る。

「島に俳句を教えて下さる人がいましてね。その方は、石寒太（いしかんた）さんの門下でね。きびしいんですよ。いつも自分の生き方をそのまま俳句にしなさいとおっしゃるんだけどね」

私は黙って聴いていた。

島は緑深い。ヤブツバキやシイなどの雑木林である。それにクロマツが混じる。見晴台があるからと言われ、繁みの中を歩いた。トベラがある。タイミンタチバナもあり、その下には丈の短いカクレミノが生えていた。照葉樹林の道であった。カクレミノがありますね、と言えば、この葉で団子を作りますよ、とかつ美さんは応じる。

「島はサツマイモがとれますのでね。いもを蒸して、片栗粉を加えていっしょにすりつぶして、それを皮にして、あんこを包んだ団子を、カクレミノの葉に挟んで蒸す、式根島独特の団子がありますよ。以前はよく作ったんだけど、このごろは、すべてが既製品ばかりの生活になってしまいました」

こんな話を聞きながら北へぐるりと廻わり、泊（とまり）海岸の美しい砂浜を見て、野伏港へ降りた。私は波止場でかつ美さんにお礼の挨拶をして別れた。

岸辺に吹く海の風を体に受けて、涼を楽しんだ。それにしても、船が着くまでにまだ大分時間がある。ぼんやりと前方の赤い灯台を見つめていた。しばらくして、一艘の漁船が入って来た。近くの漁協の魚市場へ魚を揚げに行くらしい。この機会を逃さじと、私は、鞄を港の椅子に置いたまま、魚市場へ急いだ。

クロムツ[*2]を釣った漁師が、魚市場へ水揚げに来たのであった。魚は手早く看貫（かんかん）されて、大きさに応

上：新島漁協式根島の魚市場に水揚げされた見事なクロムツ（下）など
下：クロムツを看貫し、箱詰にする魚市場の職員

じた発泡スチロールの白い箱に詰められていく。漁協の若い職員に声を掛けて、大きさを訊いた。大きいので六キロある、と答える。値段は、とたたみかけると、三、四キロものがいちばん値が良くて、一キロ当たり、三〇〇〇円ぐらいと教えてくれた。クロムツはあすの船便で東京築地の市場へ運ば

れる。体が大きいだけに目玉もウロコも大きい。南の海の王者という風格があった。帰りは高速のジェット船である。船は静かに堤防の内側の港に入って来た。周囲はまるで箱庭のように美しい。赤い灯台がひときわ印象的であった。真夏のようなぎらつく午後の光が、島山の緑の樹々に降り注ぐ。足元には私の短い影があった。

＊2クロムツ　スズキ目ムツ科の海産魚。関東以北の沿岸域に分布。体形・体色はムツによく似ているが、体色はムツより黒味が強い。主に釣りにより漁獲される。肉質はムツ同様やや軟らかいが美味。主に刺身、煮付けにされる（『魚の事典』東京堂出版による）。

式根島野伏港に下り立って、真っ先に眼にとび込んで来る歓迎の文字

式根島データ

東京の南一六〇キロメートル、新島の南三キロメートルに位置する。元禄一六（一七〇三）年の大津波で新島と分離したとされ、その際に式根島の住人は新島へ移住した。以来一九〇年近く無人島となっていたが、明治二二年に四人が移住、新たに島づくりがはじまり、現在にいたる。面積三・六九平方キロメートル、周囲一二・二キロメートル、人口五三七人（平成二七年六月現在）。最高標高一〇九メートルの平坦な島で、複雑に入り組んだ海岸線は「式根松島」と呼ばれる。白浜と松の織りなす美しい景色や断崖をみることができる（『しま』二四七号から）。

第三章　伊勢志摩ふるさと散歩

海女小屋の庭に置かれた浮き輪や足ひれ（上段）など、
潜きのときの道具一式

1 平和を願う穴 うがつ時――世木神社（伊勢市吹上）

昨年の伊勢神宮の式年遷宮でにぎわいを取り戻した伊勢市駅を出ると、すぐ左手に大小の石で囲まれた小さな茂みが目に入る。世木（せぎ）神社の狭い森である。

地元の人々は神社をさん付けで呼ぶ。「外宮（げくう）さん」「内宮（ないくう）さん」に始まって、世木神社は「世木さん」と親しみを込めて言う。一日中参詣人でにぎわうという神社ではないが、よく注意して見ると歴史が分かる発見に出くわす。

境内のちょうず鉢に一〇カ所ほど、大小ふぞろいの穴を見つけることができる。それらは手を洗う水をためるくぼみの周りに彫られている。この穴を「盃状穴（はいじょうけつ）」と呼ぶ。盃状穴という言葉はまだ一般には親しまれていない。広辞苑にもない。民俗学でも新しい言語と言える。

盃状穴とは、神社や寺のちょうず鉢や灯籠基壇などに何かの道具で穴を掘ったもの。江戸時代のころか。盃の形をしたくぼみである。その直径は七、八センチ、深さは五、六センチ。豊作と子孫繁栄を祈って石をうがったというのが、一般的な説である。このように教えてくれた人が盃状穴に詳しい鳥羽市の橋本好史（はしもとよしふみ）さんである。未知の分野を開く在野の民俗学の研究者だ。

子孫繁栄、つまり子どもを授かりたいと願うことから、これは女性器を象徴した一種の民間信仰と

JR 伊勢市駅前の世木神社の手水場の盃状穴

考えるという説もある。石に穴をうがつことは、頼み事のために同じ所を何回も訪ねる、いわゆる百度参りに似た行為だったのだろう。

では、うがつ道具は何だったのか。真夜中のことであったろう。金槌(かなづち)でたたけば音がする。こっそり祈るように彫るならば、すりこぎ状の石か鉄の棒で、こするようにして穴を開けたのではないか。私たち二人の話はこんなところに落ち着いた。明快な答えはまだない。

盃状穴のある神社が伊勢市内には多い。小さな社を訪ね参り、それを探してはどうか。ひと味違った秋の散策、これこそ「ふるさと再発見」となろう。

私事にわたって恐縮だが、世木さんには別の思い出がある。六九年も前のことである。道をはさんで世木神社の前に「春乃屋(はるのや)」という商人宿があった。

私は一三歳のとき、父に連れられてここに泊まった。三重県立宇治山田(うじやまだ)中学校受験のための投宿である。その夜、空襲警報が出て、泊まり客は世木神社の森に隠れて解除を待った。春寒の夜の辛さを今も忘れずにいる。くしくも春乃屋の裏手の家に下宿して中学校に通った。その年七月二八日の深夜一一時すぎに空襲警報が発令され、翌二九日午前一時ごろから投下された一万数千発の焼夷弾によって、市内の大半が焼けた。下宿も全焼した。

びっくり世古（ぜこ）という狭い通りがあった。今の伊勢市商工会議所の脇の広い道の前身である。その暗い道を走って逃げた。教科書と辞書一冊だけ持っていた。背中に火が点くような天を圧する炎の恐怖におののく一夜だった。

国の政治家の大半が戦争の辛さ、惨めさを体験していないし、それを蔑（ないがし）ろにしているから困るのである。どの道を行くべきか答えは一つなのだが、どうも今の日本は危うい。今こそ平和を願う穴をうがつときだ。

（二〇一四・一〇・一一）

2　立神立石浦の記念碑（志摩市阿児町）

秋の深まる静かなある日、志摩・立神（たてがみ）の栗林の中に建つ一軒家を訪れた。「真珠貝区画漁業権獲得史」という記録を見せてもらうためだ。訪れる家は「まはな」という民宿。主（あるじ）の大西節生（おおにしせつお）さんが近くの駅まで迎えに来てくれ、狭い道を走った。

途中、立石浦（たていしうら）の小高い場所に一基の石碑があるのを教えられた。一九二五（大正一四）年に真珠養殖区画漁業権を村民挙げて獲得したのを記念した石碑である。碑の左横に彫られた字は「咢堂書（がくどう）」と読めた。咢堂は憲政の神様とたたえられる尾崎行雄（おざきゆきお）。「咢」とは「直言してはばからない」という意の「諤」に通じる。

立石浦は一九〇五（明治三八）年一二月、御木本幸吉（みきもとこうきち）が真珠養殖のため、二〇年間一万円で借り受けた海面だった。波切の石工（いしく）に立神大工という言葉が残っているが、その年の手間代は大工が一日八五銭であり、石工は一円八〇銭とある。一万円は村にとって大金であった。

御木本幸吉が立神村の地先海面を使用するためには、区画漁業権の免許を県から得る必要があった。そのためには立神漁業組合の同意を必要とした。村長で漁業組合長だった世古茂三郎（せこしげさぶろう）が村民に可否を諮（はか）った。収益のない海面からこれだけの金が入るのならと、貸与に同意した。

しかし二〇年間の貸与が、実際は永久に漁業権を譲渡したような結果になっているのを、後の村人たちの知るところとなり、二〇年の契約満期が近づいたとき、それを取り戻そうと運動が始まる。運動のリーダーは、きょう出会った節生さんの祖父の兄に当たる大西幸吉だった。ふたりの幸吉の対決である。

阿児町立神立石浦の漁業権獲得記念碑

「漁業権回復の叫び」と言われた村挙げての運動であった。英虞湾では立神海面がアコヤ貝の稚貝の捕れる優れた海域であることから、このまま御木本幸吉に漁業権を握られたら永久に回収の機会を失うと、腹を決めたのである。これが村民の叫び声となる。

　大西幸吉ら村人の代表たちは、立石浦から御木本の本拠地である多徳島へ出向き交渉を重ねるほか、陳情書を持って県庁へも出頭した。そのときの決議文には、「村民多数ノ意志ヲ尊重シ」と書かれている。

時の県知事は極めて不機嫌であったらしい。村民は士気を鼓舞して農林省へ足を運ぶ。頼る人は尾崎行雄であった。咢堂は弁護士を紹介し、農林省への陳情の足掛かりを付けてくれた。苦労は数回も繰り返される。そしてついに八割の海域を取り戻すのである。

この困難な交渉にも、村人は団結して正道を踏んだ。お互い軽挙妄動を戒め合い、事に当たったと本書には書かれている。村人大西杜象(としょう)の筆致が素晴らしい。

争いはそれがいかなる人、いかなる理由、いかなる場合を問わず、醜い。

この一文は、問題の経過をつぶさに見てきた新聞記者の言葉である。まさに木鐸(ぼくたく)、千鈞(せんきん)の重みがある。争いが絶えないのは、人の世の常とはいうものの、現代は何と醜い争いの多いことか。

(二〇一四・一一・一五)

3　プロの誇り――志摩市歴史民俗資料館（志摩市磯部町）

夕焼が野菊の白を侵しけり

志摩市磯部町の助田鉄夫（すけだてつお）さん（故人）の俳句を思い浮かべながら、冬草の道を歩いた。そこには野菊の代わりに、セイタカアワダチソウが黄色く群がって咲いていた。丘に立つ志摩市歴史民俗資料館を目指している。企画展「志摩の海女さん」を見るためである。

展示室に入ると、見事なカラー写真が入館者を迎える。それは船人（ふなど）という夫婦一組でアワビ、サザエをとる海女漁の様子を撮ったもので、海女が海中から体を跳び上がらせた瞬間を捉えている。

「海女さんが上がってくるとき、少しでも楽なように、船頭さんは滑車を使って海女が体に付けている命綱を巻き上げます。そのとき命綱を摑んでいる海女は、滑車のすぐ近くでぴたっと止まり、とった獲物は船の上の船頭にスムーズに受け渡されます。この呼吸は夫婦でないと駄目だそうです」

説明するのは館長の﨑川由美子（さきかわゆみこ）さん。和具（わぐ）の人が資料館を訪れ、こんな写真があると持って来てくれたのである。資料の寄贈といえば、波切（なきり）の海女夫婦がやってきて使わないのがあるからと、磯着が届けられたという。木綿絣の綿入れのはんてんが素晴らしい。

志摩市歴史民俗資料館の海女の磯着と磯めがねほか

「来館者がこれはどうや、と言って声を掛けてくれるのが一番うれしいです。市民が関わってこそ、資料館の存在意義があると思います」

崎川館長の心意気や良しと聞こえた。

「不勉強で、寸足らずのアワビを海に戻すときに船の上から投げるのか、と尋ねたら、『そんなことしたら、魚の餌食（えじき）や。潜っていって、大っきいなれよ、今度もわしにとらせてくれ。こんな気持ちで置いてくるんや』。話を聞いて海女たちの厳しさが分かりました」

「とりすぎない、つまり持続可能な共生の社会、この精神を海女さんは何百年も前から実践しているんだから、立派ですよ」

崎川館長との立ち話である。「古文書に見る海女」の美濃紙に書かれた文字が美しい。「ふく儀当九月より十二月まで御免許の上、紀州錦浦へ海女（あ）稼（まかせぎ）に罷出（まかりいで）申し候」と読めた。一八四三（天保一四）年に、越賀村の海女たちが出稼ぎに行ったことが分かる記録だ。

また、四梃櫓（よんちょうろ）で船をこいで対馬海峡を渡ったというから、肝っ玉母さん、姉さんだったわけだ。志摩の海女の心意気が分かるたくさんの資料を、資料館は持っている。かつて鵜方（うがた）にあった志摩民俗資料館のものをすべて引き継いでいるからだ。資料は、今は亡き民俗学者の宮本常一（みやもとつねいち）さんが心血を注いで集めた。この宝物をどう活用するかである。

志摩は女性が輝いている地域である。昨今、政治家はもっと女性の登用をと叫ぶが、そのような掛け声には「志摩においない（いらっしゃい）」と言いたい。海女は昔から、男同等いやそれ以上に働き、プロフェッショナルとしての仕事をする人なのである。

（二〇一四・一二・二六）

〈付記〉かつての志摩民俗資料館から引き継いだ資料の大部分の三八二八点は、「志摩半島の生産用具及び関連資料」として、二〇一六年三月二日に三重県では初めての登録有形民俗文化財となった。

4　戦わぬ貴さを伝える（伊勢市二見町）

冬が迫る昨秋（二〇一四）一一月末の長雨のある日、伊勢市二見浦の賓日館（ひんじつかん）で、西行（さいぎょう）ゆかりの安養寺（あんようじ）跡から出土した遺物を、身近に見学することができた。会場で角谷泰弘（かどややすひろ）さんに会った。角谷さんは二見浦の旅館街にある土産物店の主で「二見浦わいわい元気塾」の副会長である。

「二見浦を活気づけようと有志で結成しました。町の活性化に少しでも役立つならと必死なんです。塾の歴史班が『二見浦西行実行委員会』として『西行が愛したまち二見浦』を計画しました。塾の運営は皆のポケットマネーですから厳しいですけど、和気あいあいと元気を発信しています」

これが初対面の挨拶であったが、長年の知己のような感じであった。

安養寺は西行が晩年に六年ほど暮らしたとされるが、今はない。西行は歌人であるとともに僧侶でもあった。寺跡は伊勢市二見町の光の街の北側にある。

展示品の中には、一二世紀末ごろのものと推定される土師器（はじき）の羽釜と鍋があった。これらは煮炊きの生活雑器であり、当時の食生活の在り方を示す。羽釜には、かまどに掛けるための支えになるつばが胴部の周りに付いている。

へらや杓子（しゃくし）、そして下駄といった木製品もある。西行がいた時代、下駄は庶民のものではなく、僧侶ら特別な人のものと考えられ、出土した下駄は西行が履いたのではないにせよ、ここに寺があったと想像させる出土品だ。屋根瓦もある。当時の住まいで瓦ぶきは寺院か上流階級の建物であっただろう。

西行法師ゆかりの二見浦で。
左土師器鍋、右同羽釜。賓日館で展示のとき撮す

西行は武門の出で鳥羽上皇の院（住まい）を警護する武士となった。北側の守りについたから「北面（ほくめん）の武士」と言われる。

しかし二三歳にして出家する。その理由にはさまざまな説がある。仏道を修めようと思う心、つまり道心か、または数奇か。数奇とは風流の道である。さもなければ武家社会へと変わる時代の不安を嫌ってか。理由はこれだと簡単に割り切れない。ここに歴史の面白みがある。

西行は二見浦にあって、浦人たちに和歌の手ほどきをしたと言われる。和歌の優れた詠み手であり、歌集「山家集（さんかしゅう）」を残した。全国各地を遍歴し、自然の風物を詠んだ。飾り気のない叙情とも言うべき独自性がある。

ねがはくは花の下にて春死なむ
そのきさらぎのもち月の頃

と詠む。歌の望み通り二月一六日に入寂。この歌にちなんで一日早い一五日が西行忌とされている。そういえば高浜虚子(たかはまきょし)に「栞(しおり)して山家集あり西行忌」の一句がある。

西行と平清盛は同い年である。二人とも僧形となったが、平穏と波乱の正反対の生涯だった。西行は戦を嫌い、詠歌と信仰に生きた人である。七三歳の生涯は、現代を生きるわれわれに戦わないことの貴さを訴えているように思えてならない。

戦える国へと舵(かじ)を切ることだけはあってはならない。戦争によるあの欠乏――物質的にも精神的にも――だけはごめんだ。歴史に学ぶことを忘れた社会ほど恐ろしいものはない。今年こそ平和であることの大切さを声高く叫ぶ一年でありたい。

(二〇一五・二・七)

5　鍵のことあれこれ（伊勢市小俣町）

少なくとも平安時代に鍵はあった。『源氏物語』の「末摘花(すえつむはな)」の中に、雪の積もった朝、主人公が帰るとき、大勢で小御門(こみかど)（通用門）の鍵を開ける場面がある。

御車(くるま)いづべき門は、まだ開(あ)けざりければ、鍵の預り、たづね出でたれば、翁(おきな)の、いといみじきぞ、出で来たる。むすめにや、孫にや、はしたなる大きさの女の、衣は、雪にあひて煤(すす)けまどひ、「寒し」と思へる気色(けしき)深うて、怪しき物に、火をたゞほのかに入れて、袖ぐくみに持たり。翁、門をえ開けやらねば、よりて引き助くる、いと、かたくななり。御供の人、寄りてぞ開けつる。

原典では右のように書かれている（岩波文庫『源氏物語』第一巻による）。ここを谷崎潤一郎は次のように訳す。

御車(みくるま)を曳き出すべき門がまだ締まっていましたので、鍵の番人をお尋ねになりますと、翁のひどくよぼよぼなのが出て来ました。娘でしょうか孫でしょうか、どっちつかずの年頃の女が、着ている衣（きぬ）は雪に映えてひとしお煤けたように見え、いかにも寒そうな様子をしながら、妙な器に火をほんの少し入れて、袖につつんで持っています。翁が門を開けることができずにいますので、傍（かたわ）らへ寄って手伝うのでしたが、たいそう手際が拙（つたな）いのです。お供の人々が寄って来て開けます。（中央公論社版『谷崎潤一郎全集』第二五巻から抽出）

また、芭蕉一門の俳諧集「猿蓑（さるみの）」の中の、「市中は物のにほひや夏の月」という凡兆（ぼんちょう）の発句（ほっく）でよく知られる、歌仙の中ほどに、

待人入（いれ）し小御門の鎰（かぎ）　去来（きょらい）

という七・七の句を読むことができる。歌仙では帰るのではなく、訪ねて来て鍵を閉ざすという情景に変わっている。

『源氏物語』の現代語訳の第一人者は谷崎潤一郎。世人は、『谷崎源氏』と呼ぶ。文豪谷崎には、そのものずばり「鍵」と題する戦後の話題作がある。

鍵（かぎ）の鈴鋏（はさみ）の鈴や日短か

生活そのものを詠み切った中村汀女の名吟もある。鈴を付けた鍵が、女性の持ち物として、暮らしの中にある情景を捉えている。

今はなき、美和ロック創業のころの社屋

鍵はだれにでも必須のもの。中でも命や財産、つまり暮らしを守る玄関の鍵、部屋の鍵は何よりも重要と言える。われわれが毎日使う玄関の鍵、つまりドア錠は戦後すぐの昭和二〇年一〇月に、三重県に設立された美和産業が作り上げた。

当時の小俣町（現伊勢市小俣町）湯田が誕生の地だ。もともと東京・大森にあった美和工業が伊勢の地に木造の工場を買っての移転で、小俣での最初の仕事は包丁やのこぎり、田んぼの除草機などの製作だった。社名は変わり現在は美和ロックとなったが、県内有数のものづくり企業で、平和産業であることが尊い。戦後七〇年と同じ歴史を刻んできた。

私が初めて湯田の工場を訪れたのは一九六八（昭和四三）年。すでに故人であるが、当時の社長・中根直さんを訪ねるためであった。作業服を着た社長に迎えられた。室内に机が一つという社長室は質素そのもの。話される言葉は穏やかで、初対面の私を安心させた。

当時、南勢町（現南伊勢町）役場に勤めていた私は、町に分工場を建てたいという会社の意向を受け、町が誘致するという立場で面会したのであった。

一年ほどで分工場の建設が進んだとき、あとは水をどうするかですよ、と言われる。すかさず私は、井戸を掘りましょう、と言葉を継ぎ、しかし、谷がないから出るかどうかです、私の心配をはねのけて、それはやってみないと分からない、と中根さん。

井戸は掘られた。間もなく上水道が備わり、水の心配は解消された。分工場開所のとき、中根さんは、中国に、井戸を掘った人を忘れるなという言葉がありますね、と声を掛けたのである。

草創期を知る山口久雄さん（九〇）を訪ねた。

「除草機が主力やったんですが、そのあと日本人の暮らしに鍵は必須という点に着眼したんです。幸いなことに日本銀行の封印錠を造ることになった。木箱に現金を入れて運ぶ時代でした。これが発展の幕開け。そのあとマスターキーでトラブルがあってね。日産一〇〇個ほどのとき、一週間で一〇〇〇個以上造って取り換えんといかんということになったんですが、社員全員が不眠不休でやり遂げた。それが逆に信用を得ることになってね。何事も最後まで責任を持って全うすることです。人間社会の基本、やればできるし、忘れてはいかんということですよ」

卒寿の人の話を胸に、私は冬ざれの玉城勝田の往還に立ち尽くした。

（二〇一五・三・一四）

6 美しい花守る氏子たち――千引神社（度会郡玉城町）

伊勢市にお住まいで知人の藤原巖さんの案内で玉城町久保の千引神社を訪ねた。藤原さんは神社周辺を熟知する人。車の洪水のような度会橋を渡って北を目指す。千引神社は藤の花で名高い。

助手席に座って、中学生のとき、寺田寅彦の「藤の実」を読んだことを思い出していた。地上三メートルぐらいの高さにある実を、一四、五メートルも横に射出する藤の実の莢の力、つまり自然の仕組みの巧妙さに驚く様子を、科学者の眼でとらえている。


　子どものいたずらで小石でも投げたかと思ったが、そうではなくて、それは庭の藤棚の藤豆がはねてその実の一つが飛んで来たのであった。


こんな文章である。

その日は春が来たという感じの昼下がりであった。境内の庭の藤の枝はまさに芽ぶかんとして、無数のつぼみが紫の花の舞台を用意している。枝先に取り残された莢が黒ずんだまま垂れていた。

千引神社の藤は四本で棚を作っている。樹齢は三〇〇年を超えているらしい。幹は太い綱をねじっ

見事に咲いた千引神社の藤の花。2014.4.25 撮す（山口克博さん提供）

たような風格である。古くなった棚は新しい竹で組み替え、わら縄でしばる。整枝剪定(せんてい)もすべて久保地区の氏子一九戸の人たちの共同作業である。

神社で氏子総代の山口克博(やまぐちかつひろ)さんと会い、棚の下で話を聞いた。

「毎年四月二〇日が月次祭(つきなみさい)で、その日はにぎわいます。以前はバスで押し寄せるほどのこともありました。そんなときは、受け付けをしていても顔を上げる暇もない程の人の波でした。藤の花は五月初めが見ごろでしたが、近年早くなりました。今年は四月下旬には咲くでしょう。花房がよそより長いのが自慢で、六、七〇センチ垂れ下がります。花見は桜に限るという人もいますが、静かな境内の藤の花は格別ですよ。今年も二〇日の月次祭から五月の二〇日までは、大勢の人が参ってくれると、地区民一同、期待しているんです」

去年の満開のときの花の写真を見せてもらっ

た。そばに立つ、これも樹齢三〇〇年以上というクスノキの大木の深緑の茂みと、藤の花の紫の色の対比が見事であった。

「千引」を辞書で引くと、「千人で引くほどの重さの物」とある。ここではそれは「石」で、大きな岩がご神体である。千引神社がいつできたのかは明らかではないが、大岩が祀られるようになったのは天文(てんもん)年間（一六世紀半ば）らしい。

そのころ田丸城(たまるじょう)築城のため大岩を集めたが、たまたま久保にあった古墳（塚と呼ばれてる）から掘り出した巨石を途中で池に落としたところ、池の水が赤く染まり血の池となった。このことから、千人もかからなくては動かせないほどの巨石を、千引岩としてあがめ、子宝祈願、子どもの無事息災や婦人の血の道の神として、信仰に結びついたと言われる。由来についての説はいろいろあるが、信心はその人の心の持ちよう、さまざまであろう。石もいわしも同じと言える。

訪ねた日は春の陽射しが藤の枝を通して、背中を温めた。玉砂利の上には落葉一つなく掃き清められている。さらいの掃き目が美しかった。

藤の花が咲くとなれば、伸びた枝を四方に張る。これらの作業はすべて一九戸の氏子の団結があってのこと。共同の精神は「千引の綱」の言葉通りだ。藤の実の莢が爆(は)ぜて種が飛ぶ。そのかすかな音を聴きに来たい、そんな思いで社を辞した。

（二〇一五・四・二五）

7　ありそ俳句会のこと（志摩市浜島町）

志摩市浜島町(はまじまちょう)でありそ俳句会が呱々(ここ)の声を上げてから、すでに六二年が経った。月一回の句会がずっと続いている。発足して間もなく、著名な俳人との交流を持ったことは、輝かしい歴史のひとこまである。

橋本鶏二(はしもとけいじ)とその仲間を迎え、句会を開いたのは一九五四（昭和二九）年五月二四日のことであった。旅館四日市屋での合同句会で、鶏二は「浜島吟行」一九句を詠む。次はその中の一句。

潮の冷えきびしなきやと海女に問ふ

海女を見つめる優しいまなざしを読みとることができる。橋本鶏二は長谷川素逝(はせがわそせい)とともに、三重県を代表する昭和の俳人として知られる。俳誌「年輪」を主宰し、高浜虚子(たかはまきょし)から続く写生詠の神髄を追求した人である。

この夜の句座を取り仕切ったのは、当時の浜島中学校の校長井上正雄(いのうえまさお)さんであった。句会誕生にも関わった人で踏青(とうせい)と号し、俳句をよくした。

その後を継いで句会の運営を一手に引き受けてきた人が井上博暁さんである。このことに異を挟む人はいない。俳号の海風さんと呼ばれて親しまれている。ありそ俳句会を支える原動力で、「独特の企画と冴えた感覚」と「浜島町史」には書かれているが、それに加え優しさのある包容力を持つ人だ。
海風さんが入会したのは一九五三（昭和二八）年二月、弱冠二〇歳のときであった。

海女の児は夏の怒濤の中に寝る
昼の海女夜も集まって氷菓なむ

これらは当時の句作のものだが、すでに熟練した巧みな手ぎわと言える。句会が終わると、井上さんは休むのを惜しんでガリ切りをした。この言葉はすでに死語であるが、ろうを引いた紙（原紙）をやすり板の上に置いて、鉄筆で字を書くのをガリ版を切

志摩市浜島町のありそ俳句会。奥正面左が井上海風さん

るといった。夜遅くまで出句すべてを鉄筆で書き、印刷インクを伸ばして謄写版で紙に刷り、会員に配った。この無私の営為がずっと続くのである。
「句会に入会したころ、二年足らずでしたが、御座（ござ）の小学校に勤務し、下宿して教員生活を送りました。二年生の受け持ちでした。私の生家は当時、浜島で平和劇場という映画館をしていました。二七人の子どもたちを巡航船に乗せて、子ども向けの映画を観せたあと、俳句のようなものを作ったりしましたな。そんな伸びやかな学校生活でした」

　卒業歌高し漁師の子の多き

の当時の句があり、のち

　二学期へ大きな海の絵をかかへ

の一句で、三重県が募集した全国俳句大会最優秀賞を得る。
海風さんには海女の句も多い。

　路地を行く海女の太腰夏きざす

「海女の太腰」に働く人のたくましさがにじみ出ている。そして平成二五年一月のＮＨＫ全国俳句大会では、次の一句で大賞を射止めた。金子兜太選である。

真っ新の魔除けの布や海女を継ぐ

四月一九日の月一回の例会には一四人が集まった。兼題は「ひじき」、自由句も入れて一人五句を出す。やりましょうか、という海風さんの掛け声とともに、選句が始まる。六〇年以上、同じことが繰り返されてきても、この続けることが尊いのだ。なごやかな句座であった。

（二〇一五・五・三〇）

8　機雷のある寺——御座潮音寺（志摩市志摩町）

風鈴にはや潮風の寄せてゐる

友人林仁一（はやしじんいち）さんの一句である。拙宅でもひさしの下につるした風鈴が、海からの風を受けて鳴る。南部鉄でできた小さな丸い鈴にひし形の舌があり、それに付けられた短冊が風に揺れる。
こんなとき、ふと口をついて出る歌がある。

釣るししのぶに　青簾（すだれ）
ゆれても鳴らぬ　風鈴の
微かな風に　どこやらで
金魚や金魚　めだかの子

と終わる、「金魚屋」である。林柳波（はやしりゅうは）の詩に杉山長谷夫（すぎやまはせお）が曲をつけた。戦時色一色の一九四二（昭和一七）年のことである。同じときに詠（よ）まれた「苗や苗」もよい。作詞者の林柳波は、薬学を修

志摩町御座潮音寺の庭に建つ殉国碑と機雷

めた人で明治薬科大学図書館長をつとめた。理系の異色の作詞家と言える（一八九三〜一九七四）。作曲の杉山長谷夫には、これら二曲のほかに、「花嫁人形」や「出船」などの作品が知られる（一八八九〜一九五二）。「金魚屋」や「苗や苗」の曲なら、柳兼子のアルトの歌唱がすばらしい。

黒い小体な風鈴はやさしいものだが、同じ鉄製でも機雷となると少々厄介だ。ある日、機雷が記念碑として据えられている寺を訪ねた。それは、前志摩半島の突端、御座の潮音寺の南側の庭にある。

庭の一段高い場所に殉国碑と彫られた石碑と並んで、機雷が置かれ一対となっている。機雷は直径が約一メートルほど、鉄の玉をアジサイの枝がうしろから抱くように取り囲み、訪ねたときは紫の花のまりが美しかった。もちろん火薬は抜かれていて空(から)である。拳(こぶし)でたたいたらごんと鈍い音がした。

「どこにあったのか、どこから運ばれてきたのか、父親の先代住職からも聞いていないし、寺には記録がないんです。火薬は入っていませんがね」

住職の児玉さんは庭に立って話し、そして続けた。

「しかし、碑の方は私が小学校へ上がる前に、この庭で石屋さんが何日もかかって字を彫っていたのを、覚えていますよ」

石碑の裏側を見た。そこには太平洋戦争の戦没者二三名の戒名と俗名が二段に彫られ、末尾に昭和二六年旧七月建立とある。旧暦七月は新暦なら八月である。お盆のころであったのだろう。機雷も同時に、記念として横に据えられたのではないかと独り合点した。

この一対は村人が平和を願って建立したものと思いたい。小さな村にも二三名戦死という大きな犠牲があったのである。建立後、すでに六四年の歳月がたつ。

最近、「機雷除去」という文字を目にするようになった。機雷は危険きわまりない兵器だ。他国の兵器ために、集団的自衛権をどう考えるかなどと、政治の場では議論がかまびすしい。戦争をしない平和であるべき国が、何とむなしいことか。

また風鈴に戻るが、寺田寅彦の随筆の中に、次のような一文がある。

風鈴の音の涼しさも、一つには風鈴が風に従って鳴る自由さから来る。

われわれの暮らしの中で、その安全や自由の保障が蔑ろにされては困るのだ。戦争は真っ平ごめんである。寅彦をまねて言えば、近ごろの政界の議論は、昔の号外売りの鈴鳴らしのように、がむしゃらな乱打に聞こえてならない。

戦後七〇年、あの戦争はとっくの昔のこととは言うものの、われわれは戦前、戦中を引きずって、戦後を生きている。この事実を忘れないことだ。

（二〇一五・八・八）

9　二見音無山、磯部五知（伊勢市二見町、志摩市磯部町）

「方丈記」の著者で知られる鴨長明が二見浦を訪れたのは一二世紀末、つまり一一八六（文治二）年の晩秋であった。その折りの紀行文が「伊勢記」で、これは歌枕探訪のいわば歌日記と言われるものである。

文治二年と言えば、二見浦安養寺（跡は光の街近く）に居を構えていた西行法師が、奥羽へ旅立った年でもある。西行の出発は初秋、そして長明が二見浦へ来たのは晩秋だから、少しの違いで二人の歌人の二見浦での巡り合いはなかった。

松やあらぬ風や昔の風ならぬ
いずれの秋か音無の山

これは「伊勢記」の中の一首。「古今和歌集」にある、よく知られた在原業平の

月やあらぬ春や昔の春ならぬ

我身ひとつはもとの身にして

をもじったものだろう。

秋をやく神崎山は色きえて
嵐のすゑにあまのもしほび

これは神前海岸あたりを詠んだ一首である。「神崎山」は二見町松下の山で、近くに神前神社がある。「あまのもしほび」は海人が藻塩を焼く火のことで、「神崎山の燃えるような紅葉の色も消えて、山から吹き降ろす風のゆく手に漁夫が焚く藻塩火が見えているよ」という意味になろうか。私はこれら歌に詠み込まれた場所の幾つかを訪ねる二見浦散歩を企てた。

二見浦駅を午前八時半に歩き始めて、約二時間半の小さな旅である。立て看板を見て音無山への坂道を登った。上り始めて間もなく、すぐ左下に鳥羽へ続く国道のトンネルが見える。ごう音が絶えない。その横に歩行者専用のトンネルがある。

七〇年前の夏の日に、このあたりを歩いて江の集落へたどり着いたことがあった。トンネルの上あたりの山を越えたようにも思うのだが、すでにトンネルができており、そこを通り抜けたのか記憶は不確かである。だが、疲れた体を引きずるようにして歩いたことは確かなのだ。そんなことを思いながら音無山山頂を目指す。山頂に立つとこれから行く神前の山が望まれた。

音無山への坂道（入り口）

昭和二〇年七月二九日真夏の昼下がりであった。前夜、私と姉は山田（現伊勢市）の空襲で被災した。下宿が全焼したのである。両親のいる家へ帰るほかなく、私たちは鳥羽駅を目指して歩いた。前夜の大火で一睡もしていないし、下宿のおばさんと別れるときに、一わんの雑炊を口にしただけの出立（しゅったつ）であった。

二軒茶屋まで来て、一軒の農家の庭にあった手押しポンプの井戸水を飲ませて貰った。庭の隅に咲いていた赤い花を今も思い出す。あれは百日草ではなかったか。のどが乾き、空腹にあえぎ疲れ切った体を引きずるようにして歩き続けた。背中のかばんの中には、何冊かの教科書と辞書一冊があった。江を過ぎて鳥羽まで黙って歩き続けた。

七〇年前の辛かった体験を思い出しながら、神前神社（伊勢神宮の摂社の一つ）へと歩く。自動車のゆききの激しい国道を避けて、私は江の集落に入り、そこから日の出橋を渡ることにした。橋の上から見ると右下に小じんまりした船溜りがある。二〇艘ほどの小船が岸に繋がれていた。岸に立つ老人に声をかけた。今でもクロノリの養殖はしているのか、と訊けば、もうそのような家はないとの返事。

日の出橋から見た江の船溜り

「川の水が汚れたしな。鈴鹿あたりの大規模な養殖には勝てん。とにかく川が死んどるでな」

「この神前海岸の沖では何がとれますの」

「夏にアナゴかタコぐらい。アナゴも少のうなったしな。この岸の船でも漁船は一〇ぱい（艘）ぐらい。あとは遊びの船、あの変てこな船なんかそうや」

江の小さな港を後ろに見て、橋を渡り、国道を横切り、神前神社の森を目ざした。

社はずっと前方の山の上にあった。黒い石を並べた石段が延々と続く。社は小さいが清楚であった。棟木の上の四本の鰹木が木漏れ日に白く光る。

帰りはすべらないようにゆっくりと石段を降り、五十鈴川の分流（派川）の河口近くのなぎさに立った。神前岬近くまでの一直線のなぎさである。長明の歌にある「二見潟」は、この海のことだろう。一面にコウボウムギが生えていた。

砂浜に立って降りて来た道を振り返り、歩きながらつぶやきを反すうした。「山路を上りながらこう考えた。戦争をすれば家が焼け、人が死ぬ。われわれは戦争をしないと憲法で誓ったのに、『九条』を壊そうとする人が大勢いる。無理を通せば平和が廃れる。そんな人の世は住みにくい」

ご存じ、夏目漱石の「草枕」の書き出しをまねてつぶやいたのである。

さて、辛かった七〇年前の思い出は続く。

二見浦駅へ着く手前で、国語担当の西兵太郎先生に出会った。先生は立ち止まって、私に家に帰るのか、とひと言。はい、と答えた。先生は、途中で日が暮れるだろうから、そのときは私の家へ泊まればよい、と言って下さった。西先生は五知の人であった。私はうつむいてそれを聞いた。涙がひと粒こぼれた。先生はその日、全焼した学校の様子を見るため、歩いて来たのだった。

足を引きずるようにして鳥羽駅にたどり着いたが、賢島まで行く電車（志摩電）も不通であった。日陰で体を休めていた。しばらくして自動車の音を聴いた。トラックがやって来た。私たちの前で止まった。運転手がどこまで行くのかと聞いた。こうこうときょうのいきさつを話した。五ヶ所浦まで行くからこれへ乗れ、と命じるように私たちを促した。あるだけの力を出して貨物台に上がり、貨物とともに五知峠を越えた。

円空仏を祀る磯部町五知の薬師堂。
右下に狭い道があり、そこはかつて
NHK 朝のドラマ「おしん」の撮影の舞台になった

その後の五ヶ所浦までの記憶はないが、乗せてくれたのは「三重定期貨物自動車」であったことだけは、今も忘れずにいる。日はとっぷりと暮れていた。父の知り合いを訪ね、家への連絡を頼んだ。そこで夕食を食べさせて貰い、迎えに来てくれるこぎ船を、うとうとしながら待ったのである。

五知の薬師堂には円空仏三体が祀（まつ）られている。磯部町恵利原の古くからの友人である谷崎（たにざき）豊（ゆたか）さんの厚意に甘え、堂守（どうもり）の中西鉄男（てつお）さんを訪ね、開扉を乞うた。

七〇年前、トラックに乗って走った五知峠は長い年月の間に姿を変え、坂は低く、道幅も広くなって峠という感じではない。五知駅の所から西に折れ、集落のいちばん奥の薬師堂を目指す。

円空仏３体のうち薬師如来（左）と日光菩薩

堂へ近づく狭い道の脇に渋柿の古木が一本、すばらしい農村風景である。一坪ほどの広さの堂宇に鉈（なた）彫りの仏三体が立つ。中央に薬師如来像、脇が日光、月光両菩薩である。一メートル余りの薬師如来は温顔、両菩薩の顔は鋭い。志摩地区に残されている他の仏像に比べ、鉈彫りの線が力強い。円空仏は数多いが、それらの中でも傑作の名に恥じないものだ。志摩市指定の有形文化財である。

「このごろは全国から大勢の人が来てくれるようになりました。気むつかしいことは言いません。手で触ってもらえば、円空さんの心につながりますやろ」

堂守はこのように語る。壁に色紙が掛けられている。梅原猛（うめはらたけし）氏の一枚。「立木から仏ひょっこり円空さん」の文字が印象的だ。
中西さんは西兵太郎先生とは縁続きの人であった。両家の祖父母までさかのぼった昔話を聞いた。道案内の谷崎さんは西先生の子息とは同じ職場での先輩後輩の間柄であり、私には中学校の西先生ということで、五知とは有縁である。三者三様これもみな人の縁というものであろう。
薬師堂のある上五知は、道すがらの石垣がすばらしい。見事であるというべきか。石垣がかもし出す落ち着いた田舎の風景。細い野道に年を経た柿の木がある。この道は、かつてNHKテレビの朝の連続ドラマ「おしん」のロケの舞台になった所でもある。

（二〇一五・一〇・二四）

〈付記〉それから半年ほどたってからであるが、人づてに、中西鉄男さんが急死されたことを聞いた。突然のことであったらしい。一寸先は闇とはこんなことか、と元気であった中西さんを偲んだ。

10　女性作家と波切――大王小坂を歩く（志摩市大王町）

秋冷のある日、波切（なきり）の波止場近くでバスを降りた。時が止まったような静かな町である。波切は大王埼灯台で知られ、古くから、カツオ一本釣り漁業が盛んであった。カツオ節を造る納屋（なや）（作業場のこと）が多くあり、夏になると、大きな釜で煮上げたカツオを薪（まき）でいぶす炉の煙が、町中のあちこちに漂った。今は三軒ほどの業者が「波切節」の孤塁を守る。

その日、私は灯台への道をたどらず、反対にゆるい坂道を歩いて行った。しばらく先へ足をはこぶと、左手の小高い場所に汗かき地蔵の小さな堂宇が目に入る。とんとんと数段の石段を登って地蔵尊の前に立った。地蔵尊は古くから吉凶を予告し、何か悪いことが起こると、顔面いっぱいに汗をかくと伝えられ、多くの参詣者がある。わが国のこれからの在り方を決める「安保法案」が、大混乱の中で審議されたが、果たして地蔵尊は汗をかいただろうか。

進むにつれて坂道の勾配はきつくなる。大王小坂を歩く。ここにわが国の現代文学における女性作家の最高峰と尊敬を一身に集めた、野上彌生子（のがみやえこ）ゆかりの家がある。そこはかつてはカツオ節を製造した「岡権（おかごん）」という屋号を持つ旧家で、今は建設業を営む。

東京と軽井沢を往復するだけの野上彌生子と、志摩の漁村波切がどう繋がるのか。それは、波切の

大王町波切の汗かき地蔵の境内

カツオ節が結ぶ縁で、敗戦直後の食糧難のとき、岡家からカツオ節を分けて貰っていたからだ。そのことが日記に見られる。

岡家に岡保次郎（やすじろう）という人がいた。苦学力行の士で、上京して法政大学で学ぶ。ここで彌生子の夫野上豊一郎（とよいちろう）に巡り合い、親しくその謦咳（けいがい）に接した。野上夫妻はともに夏目漱石の門下であったことは夙（つと）に知られるが、豊一郎は晩年、法政大学総長を務めた。豊一郎の姪（めい）に雪子（ゆきこ）という女性があり、雪子は岡保次郎と結婚する。このような人の縁によって、あの欠乏の時代でも野上家の台所の味は、いつも豊かだったのである。

彌生子は生涯丹念に日記を書き続けた。昭和二一年七月二四日の所に、カツオ節一貫目を六〇〇円で波切で買えると、雪子から知らせがあったが、買おうかどうしようかと迷う記述があって、興味をひく。

七月二十四日　水　晴

―前略―

今日はユキ子から波切り(ママ)の鰹節が買へるといつて来た。一貫目六〇〇円、普通は千円とのこと。どうしようかとおもつてゐる。[*1]　―以下略―

今年(二〇一五)九月二九日は、日本が「戦えない国」から「戦える国」に大きく舵(かじ)を切った日である。昭和二九年五月号の『文藝春秋』に、野上彌生子は「二人大名」と題する含蓄に富む文章を寄せた。その中には、「わるくすれば、日清戦争の頃まで逆転しかねないやうな日本の昨今の著しい後戻り」[*2]と、次の時代を案じている。しかし、「あたまを切られただけでは根は枯れない」、とも言っている。九月二八日深夜の参議院の混乱をテレビで観て、以前読んだこれらの言葉を探し出した。

今回の「安保法案」の国会可決によって、われわれ平和を願う者の頭は切られた。しかし、根は残っている。それなら、「日常の幸せ」を持ち続ける、いわば憲法の前文でいう「平和的生存権」が保障される、本当の民主主義を再生させることは可能だ。根から出る芽を枯らしてはならない。

(二〇一五・一一・二八)

＊1　野上彌生子全集 第Ⅱ期第九巻 日記9 一九八七・一一・六刊 岩波書店
＊2　野上彌生子全集 第二十一巻 評論・随筆四 一九八一・九・七刊 岩波書店

11　中村汀女句碑建立後話（度会郡南伊勢町）

去年の秋なかばのことである。大阪のある人から電話があった。俳人中村汀女の句碑を見たいと言う。それなら日時を決めて下さればご案内しますよ、と返事をした。電話の主は、実は私は以前毎日放送の番組で長く続いた「真珠の小箱」の制作に関係していた者で、今度社史を編さんするに当たって「真珠の小箱」に大きくページを割くことにしたので、ゆかりの場所を訪ねるのが目的だ、と来訪の趣旨を話した。

中村汀女の俳句は、玄関の朝の拭き掃除の中から生まれた、

　我に返り見直す隅に寒菊赤し

から始まると言われる。日常の暮らしの中から句作した女性であった。句作を始めたころは杉田久女（すぎたひさじょ）との付き合いもあったが、のちに高浜虚子の次女星野立子（ほしのたつこ）に出会ったことで、虚子門下の女性俳人として頭角を現すのである。

汀女が「真珠の小箱」の出演のため五ヶ所湾を吟行したのは、昭和三九年正月早々であった。当時

「真珠の小箱」関係者に句碑建立の経緯を話す地元相賀浦の南海郵便局長村田春喜さん（右から２人目）

はテレビ番組も映画のロケと同様、フィルムを回しての制作で音声はスタジオで録音された。「五ヶ所湾吟行」と題する一編は一月二六日に放映された。五ヶ所湾での撮影記録はないが、ロケは新年早々であったと断定するのは、「相賀浦（おおかうら）」と前書きのある、

遠洋漁船行くは行かせて東風（こち）の浜

の一句からである。

南伊勢町相賀浦は古くから遠洋漁業が盛んで、多くの優れた漁師を輩出した漁村であった。年末年始を家族とともに過ごした漁師たちの船は、七日を待たずにまたカツオの群れを求めて出航するのが多かった。そのとき、乗組員の家族や関係者たちが、砂浜から大漁旗を振って船を見送るのは毎冬の行事であった。

汀女句碑除幕式のときの「風花」の一行。左から外山高志さん、小川晴子さん、俳誌主宰の小川濤美子さん

巡航船で相賀浦へ着き、相生橋（あいおいばし）を渡って浜辺に立った汀女は、その見送りの光景を目の当たりにしたのである。俳人の旅装は和服で寒い風を防ぐため、道行を羽織っていた。浜辺に立つ俳人汀女の写真が残されている。

相賀浦で俳句を勉強しようという有志一〇人ほどが「汀（みぎわ）の会」を発足させたのは、一二年前のことであった。一〇年たったら「遠洋漁船」の句碑を建てよう、と言うのが仲間の合言葉となった。そして中村汀女の娘であり、俳誌「風花」主宰の小川濤美子（なみこ）さんの揮毫（きごう）を得て、句碑は建った。一〇年目の二〇一四年一〇月五日であった。

その日はあいにく台風一八号の接近で、雨は降りやまず除幕式は中止となり、夜、俳句会だけが行われた。除幕式のため前日から来町されていた小川さんたち一行は、白布をめくって句碑を見ただけで、早々に帰京された。

大阪からの句碑を訪ねる一行一〇人の来町は、句碑が建ってちょうど一年ののちの去年一〇月一二日であった。句碑を囲んで思い思いに話し合っている。

「『真珠の小箱』は二〇〇〇回以上続いた番組やったけど、その放送にちなんで、こんな立派な記念碑が建っているのは、ここだけやないやろか」

言葉は関西弁であった。

「隗（かい）より始めよ」という言葉がある。句碑の建立は汀の会の一〇人が言い出し、その実行に地区の人々が賛同して、見事句碑は建ったのである。やればできることのささやかな証しと言えないだろうか。

（二〇一六・一・三〇）

12 前志摩散歩——春先の風の中で

三月早々、三重県の前志摩（さき）の漁村を歩いた。海から吹く春先の風が体を包む。布施田（ふせだ）でバスを降り、浜辺近くの海女小屋をめざす。そこで二人の海女に会った。あと二、三年で八〇歳だというが、至って若々しい。娘のころからやっているのかと訊（き）けば、そうではないと言う。真珠養殖をやめて、中年から海女になった、と異口同音に答えた。それぞれ女の子を授かったが、海女にはならなかったと語る。アワビはもちろん、サザエも減って磯は淋しい。あと継ぎにはとてもとてもという気持ちなのか。

「それでもな、布施田には夫婦で潜（かず）きの漁をし、娘が海女で息子の嫁も海女、そして娘の男の子が海士（あま）という一家がありますよ」

このように一人が話す。

「そんな家があるなら、もう一度、以前のような布施田の磯にすることもできると思うけどな」

このように言う私を見て、まあなあと二人は笑う。

浜に出た。ワカメを干す人がいた。この人も海女である。綱にすだれ干しされたワカメが、風に揺れ磯の香を放っていた。今年は近年にない不作だ、と手を休めず海女は言う。

「若い芽も生えとらんし、一回刈るだけやな」
こう話す海女も八〇に近いようだ。

ワカメは葉の中央にベルト状のやや硬い茎と呼ばれる部分がある。茎はどうするのか、と尋ねたら、捨てます、と海女はぽつりひと言。捨てるのなら下さい、と貰った。命懸けで採ってきたのを、捨てては勿体ない、佃煮にします、と礼を言った。捨てればごみだが、ひと手間かけるだけで風味豊かな常備菜に生まれ変わる。海女さんたちの共同作業で、春の味をビン詰めにしたらどうだろう。こんなことを思った。

帰ってすぐ台所に立った。茎を刻むのである。俎板の上にそれを置き刻み続けた。ざる一杯の量になった。煮え湯をぶっ掛けて汚れを落とす。さっと色が緑に変わった。醤油、砂糖それにたっぷりの酒で煮る。たまり醤油も入れる。私は炭を熾してコンロでじっくり煮詰めた。あとで味醂を少し加え、そして削りかつおを入れて仕上げた。これこそ自然の恵みそのものである。消毒済みのビンに詰めながら、送らばや都の子らに、と呟いた。

御座を訪ねた日は雨が降っていた。若い海女に会って、磯のみを見せて貰う。大、中、小とある。両端の一方は人さし指を曲げたような形で細い。そこがうんと長いのがあった。トコブシをとるときに使うのだと言った。紀伊長島で作られたものらしい。古いのを一梃欲しいと所望したら、どうぞと気前よく新聞紙に包んでくれた。しきりに雨が降った。

朝の漁で刈り取ってきたワカメを干す海女。
ワカメは一本ずつ洗濯ばさみで挟んで干す

海女小屋の薪を濡らして春の雨

　この日の情景そのままの一句を、『御食つ国』の中から見つけた。敬愛する尾崎亥之生さんの句集である。志摩の俳人として知られる。

　波切の海女小屋は頑丈な建物であった。ドラム缶風のストーブが中央に据わる。去年二〇人いた海女が今年になって一五人に減った、と海女は告げた。反面、海士が増えているのは、他の漁場と同じである。海女は言う。

「男の人は力があるし、石をひっくり返しても元に戻さんとか、休漁日を決めても、その約束を破るとかね。夫婦で潜く組も出てきたしね」

　海女小屋の横の石段の脇には、きょう使ったワカメ漁の浮き輪が置かれている。

　大王崎の磯もワカメが少ない。トコブシもいなければナマコも小さい。アワビも年々減るばかり、一日に五つもとれたら大漁や、と海女は話した。これこそ嘆き節である。かつてのあの湧くような春の磯はどこへ行ったのか。今年も海辺は「沈黙の春」のようである。

人気のない魚市場前まで歩いた。背後は丘、そこに人家が立ち並ぶ。どの道も石段を上る坂道である。

海女戻る路地は坂がち春浅き

同じ句集の中にある一句。バスを待つひとときに、また海の風が吹いた。

（二〇一五・四・一〇 中日新聞夕刊）

大王町波切の海女小屋の横で、ワカメ漁で使った浮き輪が干されていた。刈り取ったワカメを網の袋（スカリと呼ぶ）に入れる

13 志摩・片田を訪ねて――日赤分院のこと、麦崎の歌碑のこと（志摩市志摩町）

日赤分院のことを聴く

二〇一五年八月二七日の消印のある書簡が手元にある。伊勢市にお住いの医師宮村正典（みやむらまさのり）さんからのもの。私の幼馴染みの主治医で、その女性を通して拙著『新伊勢志摩春秋』を読んでの、問い合わせである。片田の麦崎に建つ「省吾」と彫られた歌碑についてのことであった。

旬日ののち、新しい歌碑は白鳥省吾（しらとりしょうご）のものであろうと返事をした。しかし、それ以上のことを調べることもせず、日数だけが重なった。宮村医師の手紙には、かつて片田には山田日赤（現在の伊勢赤十字病院）の分院があり、「戦後間もないころ、片田にあった山田日赤分院を拠点として父はこの辺りを巡回診察していた」、という文章のあるエッセイも入っている。手紙には、「片田分院の古い写真を手に、梅雨明けに片田を訪れてみました」と書き添えられていた。

片田あたりに、当時の日赤分院のことを知っている人がいないか探すことにした。近年は個人情報保護とやらで、人探しがむつかしい。知人などに頼って探すほかはない。思いついたのが、かねてから親しくして貰っている脇田篤さん。鉈彫り（なたぼり）の観音菩薩を祀る（まつる）三蔵寺（さんぞうじ）の堂守である。つまり、円空仏を守る人だ。また、この人は、明治の中ごろ、アメリカへ渡り移民のさきがけとなった女性、伊東里きの血縁（里きの姉のなおが曾祖母に当たる）の人である。

電話をしてみた。案ずるより産むがやすしで、和具にいる私の姉が分院で働いていた、との返事。姉にここまで来て貰って話を聞いたらどうですか、と言ってくれる。会う日が決まった。前日に確認の電話をしたら、姉は都合が悪くなったが、もう一人、よく知る人が近くにいるから、その人に頼んだ、ということであった。

約束の日に三蔵寺を訪ねた。堂の中が涼しいから、と机が用意されていた。円空仏に背を向けて話を聴いた。

女性は体格のいい人である。

「私、中学校の一年生からバレーボールの選手でした」

こんな挨拶から始まった。気さくな人であった。上田聰子さんと言う。

「名前がちょっとむつかしい字で」

と、筆順を言う。

「耳偏にちょこちょこっと書いて、下に心です」と「聰」という字を、手帳にしたためて私に示した。

「それでは、うえださとこさん」

と相槌を打つと、

「それがですね、私、昭和一二年一月一日生まれなんです。母が『主婦の友』かなんかに姓名判断を頼んで、としこと読むように役場に届けたんですよ」

　初対面であるのに、どこか親しみが湧く感じだ。聰子さんは問わず語りに次つぎと話してくれた。

「父親が教員をしていまして、この西の方の浜島町の迫子（はざこ）から来たんですね。そして母と結婚して、私は片田で生まれました。母の方のつまり、片田の爺さん婆さんがアメリカへ行っておりました。片田は明治時代から大勢の人が出稼ぎに出た所です。岡本喜平（おかもときへい）、はると言いました。あちらでは百姓をしたらしいです。セロリなんかを作ったと聞きました。日本へ帰って、真珠養殖をして、真珠のブローカーもしました。ほかに、日赤分院の用務員をしていて、私はその引っ張りで分院へ入りました。

山田日赤片田分院の思い出を語る上田聰子さん

　中学校出て、伊勢市の井上速算学校へ行きました。人が一年かかるのを、三カ月で卒業して、片田の漁業協同組合に事務員として入りました。高等学校へ行きたかったんですが、父親が早く亡くなり、四人の子を母親一人で育てるという中では、下宿して鳥羽高校へはちょっと無理だったんです。バレーボールが出来るから、と担任の先生も勧めてくれたんですけど、進学はあきらめました」
山田日赤片田分院は、戦後間もなく開院された。一九七二（昭和四七）年に出版された『片田村郷土誌』（山本伊十郎著）には次のように記述されている。

—前略—村中も医者もなくなり心淋しくなったので、濱野佐太郎(ママ)氏や岡本喜平氏が早速運動して日赤病院に交照(ママ)したところ、話は具体化して昭和二十二年に避病院[*1]の後へ建設して、日赤の医長が交代にて来診されたため、大いに評判もよく隣村からも患者が詰めかけて大繁昌を来したのであった。—以下略—

総工費一五〇万円余であった。たくさんの寄付が集まった。真珠養殖が最盛期に入ろうとしていたころで、その関係者から四〇万円が集まっている。漁協六万、農協四万であるから、いかに多額であったかが分かる。ちなみに海女組合は一万円、在米村人会が七万八〇〇〇円。七万八〇〇〇円が太平洋を渡って送金されて来たのである。物価がどんどん値上がりした時代であるので、食料品などは比較がむつかしいが、『物価の文化史事典』（森永卓郎監修・展望社刊）の「小学校教員の初任給」によれば、一九四六（昭和二一）年で三〇〇円〜五〇〇円、四八（昭和二三）年では二〇〇〇円となっている。
「祖父の岡本喜平は用務員でしたが、白衣を着て、いろいろな仕事で休む暇もないぐらいでした。私は事務員で入りましたので、看護婦ではなかったんですが、何しろようはやりましたで、看護婦さんの手伝いなんかもしましてな。今でいう看護助手のような仕事もやりました。

玄関の左側に診療室があってね。内科はもちろん、耳鼻科、眼科、うしろの方に産婦人科、外科がありました。右側に事務室、レントゲン室、薬局がありました。患者が押しかけて来るという感じでした。波切からも来るわ、和具はもちろん、越賀や御座からも来て、大賑わい、お医者さんもてんてこ舞いの忙しさでした。いい医者が交替で来てくれたんです。今より人口も多かったし、子どもも大勢いた時代でした。

看護婦さんは、六、七人ぐらいいたと思います。波切の船越の山際さんという人がいましたな。私と、ここの脇田さんの姉さんが補助婦でした。私は山田日赤まで行って、二〇日間というもの、検査の方法をぴっちりと教えて貰て来ました。何でもやったですわ。

夜、手術があると、私らも出て行きました。肺切除の手術もやりましたでね。背中切るんです。手術場へ入ります。あとで伊勢市長になられた加藤艮六先生もいたですよ。手術のときは、内科の先生も手伝いましたしな。団結していました。

水に苦労しました。とにかく洗い物が多かったですよ。当時はまだ上水道がなかったので、夜になって、井戸から釣瓶で水を汲むんです。看護婦さんと二人で肩で担って運びました。白衣を洗っ

＊1　伝染病院のこと。法定伝染病の患者を隔離収容して治療した。

ありし日の山田日赤片田分院。1953（昭和28）年12月撮す
（宮村正典さん提供）

て、糊をしてアイロンをかける仕事もあったしね。

用務員の仕事の手伝いもしました。朝八時にはひと仕事すませていました。入院もできたのですが給食はありませんでした。付き添いがそれぞれのコンロに火を起こして、食事の用意をしました。

秋になって海女の漁が終わると、中耳炎を治してほしいとか、耳鳴りがするという海女さんが大勢診て貰いに来ていましたね。産婦人科もありましたから、お産をする人も入って来たしね。助産婦さんが三人いて、交替で赤ちゃんを取り上げていました。松井先生と言ういい医者がいたんですよ。

水に苦労したというのは、私たちだけではなく、志摩の漁村に住む人はすべてそうやったんでね。片田は井戸は多いんですが、それが全部飲める水かというとそうではなくて、私ら子どものときは、貰い水でした。背の低い人がいましてな、わしの背の低いのは子どものとき、毎日水汲みさせられたでや、と言って笑わせます。岡本の喜平爺さんがよう言うたのを忘れません。『水はお金や粗末にしてはいかんぞ』、この言葉は今も心に残っています。

昭和三三年に分院が閉鎖され、町立の診療所ができましたので、五月から町の職員として働きました。一生のうちでいろいろな仕事をしました。それが今も元気でいられる源ではなかったか、と感謝の毎日です」

聡子さんは脇田さんの自動車で帰って行った。

麦崎で歌碑を見る

三蔵寺から麦崎へはそれほどの道のりではない。人影のない細い道を、麦埼灯台のある突端へと歩く。ダンチクの生い繁る道である。海風が通り抜けていく。しばらく歩くと、太平洋が一望できる崖の上に出た。灯台は海抜一五メートルの所に立っている。眼下の岩礁に白波が踊る。ここは潮が引くと見事なタイドプール[*2]が出現する磯である。灯台の所から磯へ降りて行く道があり、フジナデシコの花が潮風に揺れた。訪ねた日（土）は休漁日で、海女の潜（かず）く姿は見られなかった。

浜一番稼ぎの海女よ磯なげき

　磯笛の絶えて汐鳴りばかりなり

書簡の中にある宮村さんの名吟である。麦崎の磯で潜く海女の磯笛は、環境省の「日本の音風景百選」の一つである。磯笛を磯なげきとも言う。

麦崎には麦崎大権現の祠がある。鳥居を挟んで右側（東側）に長塚節の歌碑[*3]があり、左に省吾と名前が彫られた一基が建つ。省吾の方は一九九一（平成三）年五月建立と碑の裏に記されている。

　小夜更けの志摩の片田をそゞろ行き
　銀河の下に遠海を聴く

と達筆の字である。

省吾は、白鳥省吾（本名はしろとりせいご・一八九〇～一九七三）のことである。若山牧水など

片田麦崎に建つ、白鳥省吾の歌碑

の後押しで、詩集『世界の一人』を自費出版し、詩人として文壇に出た人で、民衆詩人と呼ばれ、靖国神社の遊就館(ゆうしゅうかん)をうたった「殺戮の殿堂」は、反戦詩として知られる。

省吾は校歌も数多く作詞し、その数、二〇〇校を超える。片田小学校校歌もその中の一つである。

見よ英虞湾の世にほこる
真珠のごとく光ある
まろく正しき心もて
なかよく共に励みなん

校歌はこの三番で終わる。小学校の児童が歌うものとしては、少々古めかしい。

校歌作詞のため、片田を訪れてそぞろ歩きをして想を練ったのであろうか。歌碑に彫られた一首か

＊2　沿岸の岩礁で、潮が引いたあとの岩のくぼみにできる潮だまりのこと。麦埼灯台の下は、伊勢志摩国立公園内の海岸では、磯魚の幼魚や、さまざまな巻貝などが生息していて、自然観察には最適の場所として知られている。

＊3　「麦崎のあられ松原そがひみにきの国やまに船はへむかふ」と彫られている。長塚節二五歳のとき、伊勢神宮参拝の後、鳥羽から海路を熊野へ向かう。そのとき船中で見た麦崎を詠んだ一首である。こちらは一九九二（平成四）年一〇月吉日と日付があり、揮毫(きごう)は長崎の人で池田麦陽筆とあり、建立は片田の人福田清一(ふくだせいいち)さんであることが分かる。

らは、そんなことが想像できよう。

幸運にも、宮村正典さんから山田日赤片田分院の建物の写真といっしょに、白鳥省吾の『人生茶談』（一九五六年刊・彩光社）の中に、詩人が片田へ来たときのことが書かれているので、その部分の写しを提供する、と送られて来た。宮村医師は私への返事のために、この本を古書店で買い求めて連絡してくれたのである。何とありがたいことか。『人生茶談』の一二二頁には、次のように述べられている。

> 昭和十年のこと、志摩国片田村というのに出かけたことがある。二見ケ浦から志摩電鉄で四十分ほどで賢島という終点に下車、英虞湾という真珠養殖で有名な湾内を発動機船で三十分ほどの太平洋の突端の岬が片田村であった。
>
> 日本もここまで来ればなかなか郷土色面白く、夏のことなので海女が海にくぐってアワビや雲丹をとったり、海辺で鰹の刺身に御飯を押して、ショウガと醤油で味つけした「てこねずし」や万葉集に出てくる浜木綿（はまゆう）という蘭花植物や、盆踊や、一行は大いに喜んだものだ。同勢は佐藤惣之助、室積徂春、渥美清太郎、翁久允と私とであった。——以下略——

一行が乗った電車は、志摩電という愛称で地域の人びとに親しまれた一輛の小さな電車で、鳥羽駅から出ていた。のち、近鉄が鳥羽まで延伸して、この線を吸収した。一行が二見浦から出発して片田へ来たとすれば、鳥羽までは国鉄参宮線の汽車に乗ったはずである。昭和一〇年のことと言うが、もう少し詳しく知りたいと思った。それなら、片田小学校へ尋ねてみようと思いたち、学校長にあてに手紙を出し、「学校沿革史」などに記録がないかどうか問い合わせた。幸運は重なる。すぐに返事が届く。校歌制定の由来の記録の写しであった。

学校沿革史のそれによると、一行が片田村へ来たのは、一九三五（昭和一〇）年七月二六日であり、翌二七日は英虞湾や麦崎あたりを探勝したらしく、「観光」と書かれており、夜は、「句会」を催したとある。室積徂春が主宰する俳誌「ゆく春」の文壇句会の旅行であったわけで、片田に同人の濱野佐太雄がいて、その人の招きであった。この人は潮花と号した地元の有力な人物で俳句をよくするばかりでなく、後に志摩町長として町の発展にもつくした。省吾一行は、「二八日渡鹿野島を経て二見泊。」と片田小学校の学校沿革史には、別に一頁を設けて記録されている。

片田の俳句同好会は「荒波吟社」と称した。一九二〇（大正九）年に結成されている。濱野潮花などが活動の中心人物であったのだろう。荒波吟社が白鳥省吾に小学校校歌を依頼したのである。作品は、一九三六（昭和一一）年七月に省吾から届く。作曲は小田嶋樹人である。校歌は荒波吟社から片田小学校へ寄贈された。作詞料は無料で、作曲者に三〇円が支払われた。吟社の支出であった。ちなみに、その年の精米一〇キロ、東京小売価格で二円四七銭（日本銀行調査による）の時代である。

時は流れ、一九五四（昭和二九）年一二月に志摩町が誕生。片田村は廃止となったことで、校歌の一部が改訂された。このときも潮花濱野佐太雄の尽力による。また、一九五九（昭和三四）年九月には、省吾の校歌の揮毫が学校あて届いた。書は今、見事な扁額となり校長室にある。小学校長菊本真人さんの手紙によれば、片田小学校も統合され、二〇一七年春からは新しい小学校となると書かれていた。少子化の時代の流れとはいえ、ちょっと淋しい。大勢の人の尽力と厚意で生まれた校歌も、これからの児童には歌われないのである。

尚、昨今の児童数の減少により本校も本年度末をもって閉校となり、志摩町にある五小学校が統合再編されます。平成二九年度からは、現在の和具小学校の校舎を使い、志摩小学校と名称が変更され新たなスタートを切ります。従って、由緒あるこの校歌も今年度で歌い納めとなり、寂しい次第です。

学校長の書簡の末尾には、このように書かれていた。

『志摩町史』を開くと、片田中学校の校歌も、白鳥省吾であったことが分かる。作曲は堀内敬三である。一九五七（昭和三二）年二月六日校歌制定とある。校歌の一部は、

玲瓏として輝ける
真珠をはじめ海幸の
豊けきところ学業を

励みて日々に進みゆく
希望の空は晴れ渡る

と作詞されている。片田中学校は、現在は学校統合により、志摩中学校となっている。

同行の詩人佐藤惣之助には、片田の歌を依頼したらしい。詩人は大正期から昭和時代にかけて活躍した人である。戦前、戦中の流行歌の作詞者としても知られる。「赤城の子守唄」「緑の地平線」「男の純情」「人生の並木路」「人生劇場」「新妻鏡」から「湖畔の宿」など、数えれば枚挙に遑がない。「赤城の子守唄」が世に出たのは、一九三四（昭和九）年二月であるから、大流行のころに片田へ来たわけである。

流行歌と言えば、戦後の一時代、大ヒットして大いに歌われた一曲に「星影のワルツ」がある。白鳥園枝の詩に遠藤実が節付けした。誰あろう作詞者は白鳥省吾の二女である。日本が高度成長に向かう激動の時代、地方から大都市へ人が流れた。出稼ぎである。家族を置いて働きに出る夫や子、そして恋する大切な人との切ない別れの歌として捉えることはできないか。「遠くで祈ろう幸せを　今夜も星が降るようだ」、と口ずさむとき、いつもこのことを想う。

出稼ぎならば、片田は三重県下で名をとどろかせた所だ。明治中期（明治二二年）、身ひとつでアメリカへ渡った女性、伊東里きを初めとして、片田はアメリカへの出稼ぎ（移民）で知られた。昭和一七年の調査では片田村出身のアメリカ在住者は二三二人、これは時の片田の総人口約四〇〇〇人の

太平洋が一望出来る麦崎の突端。ここは村民が世界へ雄飛した玄関口でもあった。設置されているタイドプールの説明板のそばにハマユウの花が咲いていた

五・八％に当たる。アメリカだけでなく、フィリッピンへ渡った人たちもいる。竹内という姓の人で、マニラで「五十鈴（いすず）商会」を興し、片田のほか近隣から大勢の人を迎え入れた。私のきょうだいもその縁で太平洋を南へ渡っている。

海女は伊豆の各地へ出稼ぎに行った。西をめざした海女もいた。対馬から遠くは韓国へ渡って、冷たい海で潜（かず）いた。遠近さまざまだが、片田での出稼ぎの歴史は長く、かつ広い範囲に亘る。

片田小学校校歌の作詞を、白鳥省吾に依頼したのは、当時の村の俳句愛好者など、いわば文化人というべき人びとであった。省吾は大正の初めから「民衆詩人」の一人と言われ、常に大衆の側に立った。つまり、進歩的な傾向の詩を発表していった人である。人間のいちばん大事な「働く」ということを通して考えれば、どこかで繋（つな）がっている。歴史をひもとくことは楽しいし、大事なことだ。小さな村にも「世にほこる

真珠のごとく光る」すばらしい歴史のひと齣が残るのである。

私の漁村を歩いて聴き書きする営為も、すでに二八年になろうとしているが、海女さんからの聴き取りは、ここ片田が最初であった。片田の人を縁に、姉や兄はフィリッピンへ渡った。私にとって片田はどこまでも人の縁で繋がっており、なつかしい土地と言えるだろう。

（二〇一六・七・七記）

〈参考資料〉

『志摩町史』一九七八・一〇・二〇刊　志摩町役場

『新伊勢志摩春秋』川口祐二　二〇一三・五・一刊　ドメス出版

『故国遙かなり――太平洋を渡った里き・源吉の手紙』川口祐二ほか　二〇一一・三・一五刊　ドメス出版

『女たちの海――昭和の証言』川口祐二　一九九〇・八・三〇刊　ドメス出版

『片田小学校沿革史』志摩市立片田小学校

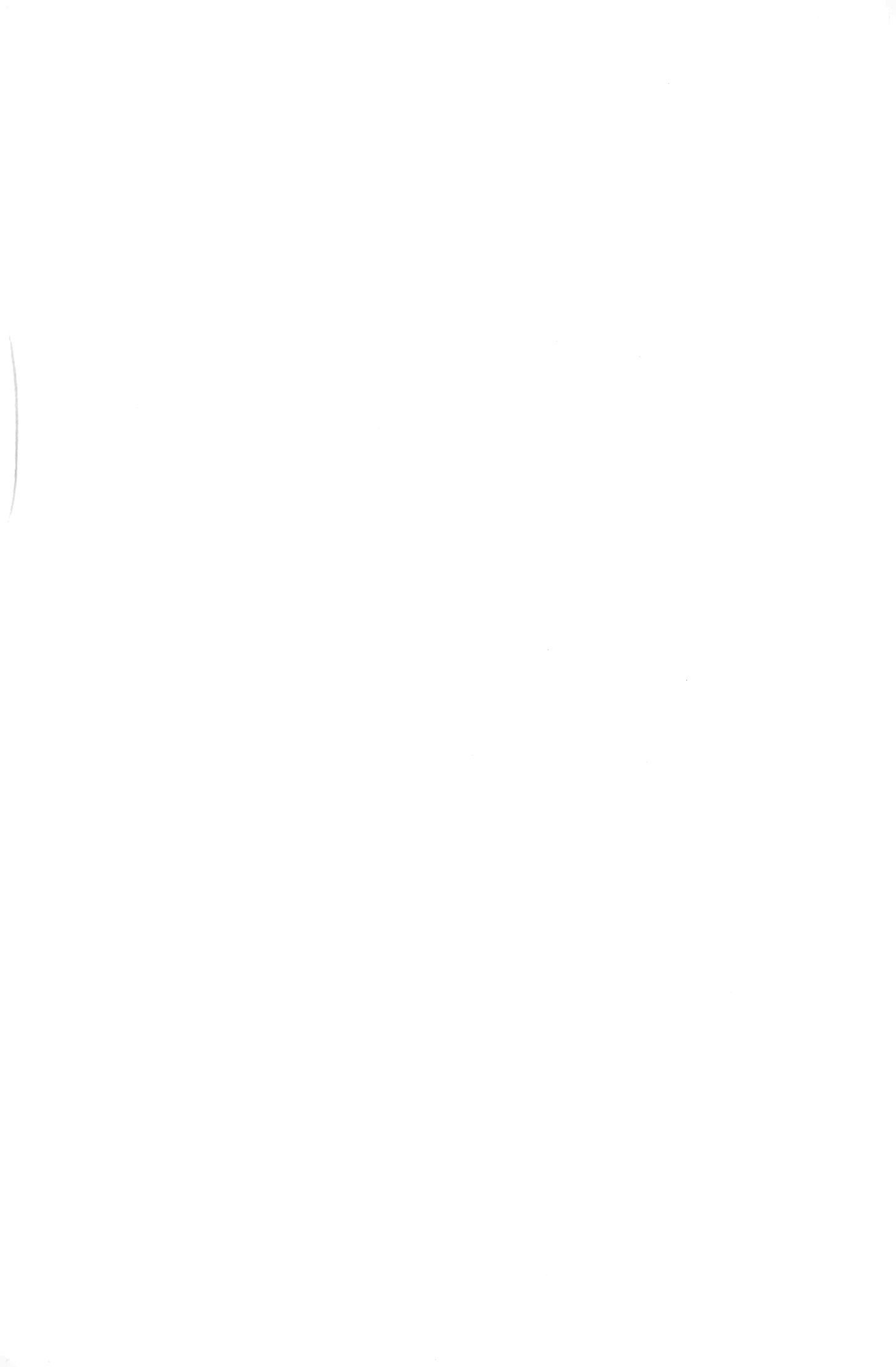

あとがき――海女をたずねて

『明平さんの首―出会いの風景』が上梓されたのは、二〇一五年一月一五日であった。そのあとがきで、「死に支度」第一号と書いた。以後、一年一〇カ月、つまり二年近くを生き延びたことになる。「第二号は出ないのか」、「次はいつ出るの」などと、大勢の方からの声を聴いた。今回、第二号としてまとめたのが本書である。題して、『海女をたずねて―漁村異聞　その4』とする。

　前著のあとがきに記したように、私は「行かば我れ筆の花散る処まで」と詠んで、報道記者として中国大陸へ渡った（一八九五、明治二八年）、正岡子規の気概を真似て、全国の漁村をたずね歩きそこで暮らす人びとから、聴き取りをして記録するという仕事を続けてきた。昭和から平成へと元号が変わったときからであるから、かれこれ二八年の歳月を、いわば草鞋掛けで聴き書きの旅を繰り返したのである。

　北は北海道礼文島のスコトン岬から、南は沖縄西表島南風見の浜に及ぶ。大げさな言い方をすれば、全国津々浦々である。たずね歩いた漁村は約四二〇カ所、出会って話を聴いた人はのべ七五〇人に余る。

　二八年の間に脱ぎ捨てた草鞋の数は多い。多くの先達が一歩一歩と歩いた径を偲ぶように、その跡を追うことによって、漁村の暮らしの中から、庶民の歴史と漁村問題のありようを、書き留めようとつとめたが、ただ年月が経過するだけの営為にすぎなかった。

三〇年に近い人生の後半を、これひと筋に懸けて、遠い、遥かに遠い道のりを歩き続けたが、遂に馬齢を重ねただけであった。高い峰をめざしたが、年を取ってからの道は果てしなく遠く、めざしたほどには高く登ることはできなかった。われ老いて時少なしと、内心忸怩（じくじ）たるものがある。

出会った人は、どの人も貴重な人生を語ってくれた。いい人との邂逅（かいこう）は、何ものにも替え難いもので、貴重な人財産となった。また、行く先ざきで、息をのむような絶景を目の当たりにしたこともしばしばで、それらすべてが、忘れることのできない思い出になっている。

旅は単に未知の風光に接することだけではない。それはまた人間の歴史と運命とを我々に教えるのである。

文芸評論家で俳句研究でもすばらしい業績を残した山本健吉の、この言葉通りの体験を重ねたのであった。引用文は、芭蕉の『奥の細道』の中の「高館（たかだち）」のくだりを論じた一編の中に書かれており、戦中（一九四二年）に発表された名評論として、夙（つと）に知られる。

今回のものは、機会を見つけては漁村をおとずれ、話し相手になってくれる人を探して聴き取りをしたものである。記録したものはすべて雑考であり、そのまま篋底（きょうてい）に捨て置かれていた。それらを拾いあげて整理し、更に新しくたずねた漁村の聴き書きを加えたのが第一章である。本章は、全国でいちばん多くの海女が活躍している、三重県志摩半島の各地を歩いて聴き取ったものである。「海女漁のいま」を話して貰った。二〇一六年の夏、日本全国で約二〇〇〇人の海女が海に潜るが、その中の約三分の一の七〇〇人ほどが、志摩半島に集中している。活躍しているとはいえ、どの漁村も高齢者がほとんどだ。これが海女漁の現実である。

昔から、海女はアワビをとることに命を懸けて来た。今、そのアワビが激減している。稚貝の放流をどの浦浜も積極的に続けているが、放流効果が水揚げ高に反映されていないのが現状だ。潜っていっても目に入るのはサザエばかりと海女は呟く。不安定な水揚げでは若い後継ぎは育たない。人も資源も痩せ細る。これらは喫緊の課題だが、どう解決するのかその道のりは遠い。

それでも、磯から揚がってきた海女と話せば、「やれる間は海女の仕事を続けます。ええ仕事やもん」と笑顔で答えは返ってくる。このように言う海女はすでに八〇を超えている。だが、意気込みは若い。私はそこに救われるのである。

「波路遥かなり」と題した第二章は、太平洋に浮かぶ伊豆諸島の中の新島と式根島の女性たちから、島の暮らしを聴いたものである。新島の女性四人は、ともに三重県鳥羽市石鏡町（いじかちょう）から、若いころ海女として出稼ぎに来て、新島でテングサ採りをした。縁あって島の男性と結ばれた。今も、それぞれに元気で暮らす人たちであった。式根島の人も、母親（故人）は石鏡町から島に来た海女であった。そして島で会った娘さんもかつては海女で、式根島の磯を知悉（ちしつ）している女性であった。

第一章と第二章は、海女という特異な職業で繋がっており、そこには、「出稼ぎ」という、日本の女性の労働の一つのかたちを垣間見ることができた。波路遥かに大海原を渡って行った働き者の女たちの海の歴史と、その人たちそれぞれの来し方を、膝を交えて聴くことができた。

これら二つの小文は、公益財団法人日本離島センターが発行する季刊誌『しま』の二〇一六年春号（第二四五号）と秋号（第二四七号）に掲載されたものである。本書に編入するに当たっては、発行者のご厚意で、末尾に記載されている島のデータと位置図の使用についても快諾を得た。

第三章は、中日新聞の伊勢志摩版に、「ふるさと再発見」として掲載されたものである。拙稿については、すでに『伊勢志摩春秋』と題して出版され、引き続きそれ以後のものを加えて再編集し、『新伊勢志摩春秋』として上梓され、大方の好評を得ることができた。そのあと、続けて書いた分を一部は補訂し、それに中日新聞夕刊に掲載された一文も加えた。また、新たに一編を書き足して、それを最終に置いて本章をまとめ、「伊勢志摩ふるさと散歩」とした。これらの中には、漁村でない場所での記述もあるが、この機会にと考え、捨てずに加えた。文中の年月などは発表のときのままである。

以上をまとめて一冊とした。すでに、『漁村異聞』のシリーズが第三集まで出版されているので、本書をそれらに続くその4とした。シンフォニーなら第四楽章ということになろう。

いい人に巡り合って貴重な話を聴くことができた、と書いたが、同時にそこへたどり着くまでの中継ぎとして、人の紹介やら道案内やらと、さまざまな点でお世話になった人も数えきれない。ずっとおつきあいの続く人もあれば、そうでない人もある。またすでに鬼籍に入られた人も多い。お会いしたのはただ一度きりなのに、そのあとずっと励ましの手紙を下さる人もあり、人の縁のありがたさをいつも身に沁みて感じる。

この仕事を始めてしばらくたったころ、石川県能登半島の突端の海岸をたずね歩いたときに出会った人も忘れがたい。もう二〇年近くも前のことだ。ＮＨＫ金沢放送局から放送された能登の塩作りの老人を紹介する番組をテレビで見て、撮影した人に、たずねて行きたいが、と不躾けに手紙を出したのであったが、その人は、案内をするから来て下さい、と快く承諾してくれ、約束した日に輪島市内で落ち会うことができた。初めての出会いであったが、これからたずねて行く土地の特徴や、輪島市内の海士町（あままち）での取材の心得やらを説明してくれた。取材のこつというか、つまり、仕事のノウハウを教えてくれた人であった。

美しい間垣が続く大沢の集落を巡るやら、海から潮水を汲んで桶で運び、庭先の塩田に運んだ海水を撒く老人や、その先の漁村ではタコ壺で昔からの方法でタコを捕る漁師さんを紹介して下さるなど、細やかな心遣いを感じ、一つひとつの言葉から多くを学んだ。送った本については、丹念に読み込んで感想を寄せてくれるのである。その人の名は松田弘（まつだひろし）さん。松田さんからの便りに大いに励まされたのである。このことから、私はこの小著を松田弘さんに捧げたい。

また、本書のために山本信二（やまもとのぶじ）さんが、カバーの写真にと貴重な一枚を提供して下さった。山本さんは二〇年近く海女の写真を撮り続けているまちの写真家である。一九三八年生まれ、海女のまちとして知られる志摩市志摩町和具にお住いである。山本さんは伊勢市展や三重県展に出品され、受賞歴も多い。夫婦で海女漁をする船に乗せて貰い、炎天下、身じろぎもせずレンズを覗き続けて撮った、決定的瞬間ともいうべき一点である。

今回も前著と同様、上梓までの内容の精査や編集については、米田順さんのお手を煩わせた。また、ドメス出版の佐久間俊一さんからは、出版にかかわる細ごまとした事柄についてのご指導を得た。装幀については、市川美野里さんの斬新なセンスで美しい一冊に仕上げて戴くことができた。しかし、何はともあれ、二八年近い径を歩いた道のりを振り返るとき、私のつたない仕事をいつもご支援くださった数えきれない読者各位に、「おかげさまで」と感謝の言葉を申し上げる。それと家族の者たちにも。

二〇一六・一〇・一五

川口祐二

川口 祐二　かわぐち　ゆうじ

1932年三重県生まれ。
1970年代初め、漁村から合成洗剤をなくすことを提唱。そのさきがけとなって実践運動を展開。1988年11月、岩波新書別冊『私の昭和史』に採られた「渚の五十五年」が反響を呼ぶ。
日本の漁村を歩き、特に女性の戦前、戦中の暮らしを記録する仕事を続けている。同時に沿岸漁場の環境問題を中心に数多くのルポやエッセイを執筆。

現在、三重大学「海女研究会」に所属、三重大学社会連携研究センター特任教授。

1983年度三重県文化奨励賞（文学部門）受賞
1994年度「三重県の漁業地域における合成洗剤対策について」により三上賞受賞
2001年7月、（財）田尻宗昭記念基金より第10回田尻賞を受賞
2002年2月、（財）三銀ふるさと文化財団より「三銀ふるさと三重文化賞」を人文部門で受賞
2008年度「みどりの日」自然環境功労者環境大臣表彰（保全活動部門）受賞
2015年10月、南伊勢町町民文化賞受賞

近著に、『海女、このすばらしき人たち』（北斗書房）
『漁村異聞』『島をたずねて三〇〇〇里』『島へ、岸辺へ』
『新・伊勢志摩春秋』『明平さんの首』（ドメス出版）など。

現住所：三重県度会郡南伊勢町五ヶ所浦919　〒516-0101
　　　　TEL & FAX　0599-66-0909

海女(あま)をたずねて——漁村異聞(ぎょそんいぶん)　その4

2016年11月1日　第1刷発行
2017年1月20日　第2刷発行

定価：本体1800円+税

著　者　川口　祐二
発行者　佐久間光恵
発行所　株式会社 ドメス出版
　　　　東京都文京区白山3-2-4　〒112-0001
　　　　電話 03-3811-5615
　　　　FAX03-3811-5635

印刷・製本　株式会社 太平印刷社

ISBN 978-4-8107-0828-8

川口　祐二　島へ、岸辺へ　漁村異聞　その3　二三〇〇円
川口　祐二　島をたずねて三〇〇〇里　漁村異聞　その2　二〇〇〇円
川口　祐二　漁村異聞　海辺で暮らす人びとの話　二〇〇〇円
川口　祐二　明平さんの首　出会いの風景　二〇〇〇円
川口　祐二　新・伊勢志摩春秋　ふるさと再発見　二八〇〇円
川口　祐二　伊勢志摩春秋　ふるさと再発見　一八〇〇円
川口　祐二　甦れ、いのちの海　漁村の暮らし、いま・むかし　二三〇〇円
川口　祐二　石を拭く日々　渚よ叫べ　二〇〇〇円
川口　祐二　光る海、渚の暮らし　二〇〇〇円

川口　祐二　渚ばんざい　漁村に暮らして　二〇〇〇円
川口　祐二　潮風の道　海の村の人びとの暮らし　二〇〇〇円
川口　祐二　波の音、人の声　昭和を生きた女たち　一八〇〇円
川口　祐二　島に吹く風　女たちの昭和　一七〇〇円
川口　祐二　女たちの海　昭和の証言　一七〇〇円
川口　祐二　近景・遠景　私の佐多稲子　二〇〇〇円
川口　祐二　遠く逝く人　佐多稲子さんとの縁　一七〇〇円
里き・源吉の手紙を読む会編　故国遙かなり　太平洋を渡った里き・源吉の手紙　二〇〇〇円

*表示価格は税別

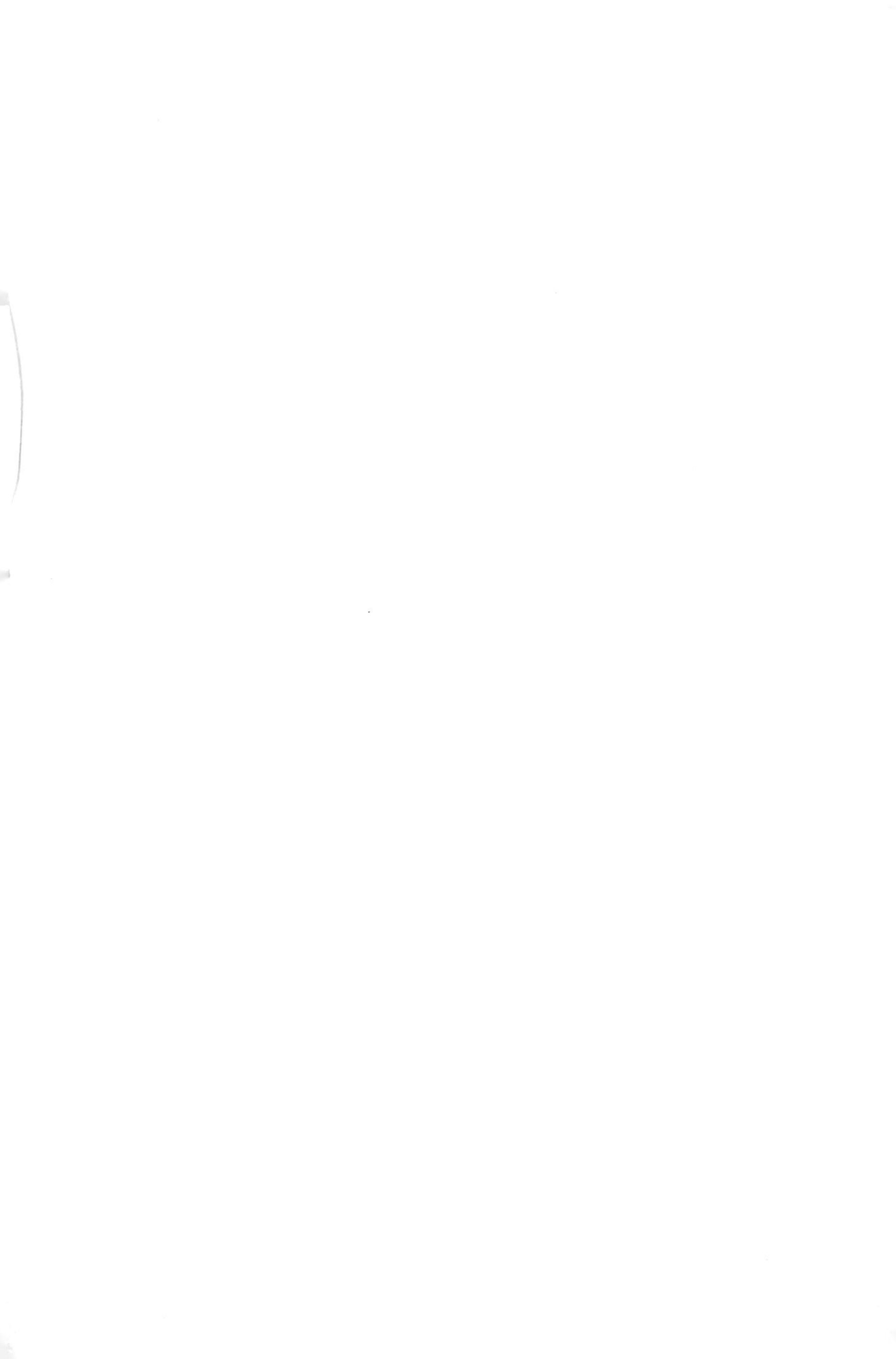